Sitzungsberichte
der Akademie der Wissenschaften
der DDR
Mathematik – Naturwissenschaften – Technik

7 N

1982

Neutronen zur Lösung von Problemen in Wissenschaft und Praxis

AKADEMIE-VERLAG · BERLIN

Sitzungsberichte
der Akademie der Wissenschaften
der DDR
Mathematik — Naturwissenschaften — Technik

Jahrgang 1982 · Nr. 7/N

Neutronen zur Lösung von Problemen in Wissenschaft und Praxis

AKADEMIE-VERLAG · BERLIN
1983

Vorträge des Kolloquiums der
Klasse Physik am 10. April 1980

Herausgegeben im Auftrage
des Präsidenten der Akademie
der Wissenschaften der DDR
von Vizepräsident Prof. Dr. Heinrich Scheel

ISSN 0138-3956
Erschienen im Akademie-Verlag, DDR-1086 Berlin, Leipziger Str. 3-4

Lizenznummer: 202 · 100/63/82
Printed in German Democratic Republic
Gesamtherstellung: VEB Druckhaus Köthen
LSV 1175
Bestellnummer: 7631002 (2010/82/7/N)
DDR 15,– M

Inhalt

Lieselott Herforth

Einführung

Als fast auf den Tag genau vor 2 Jahren Professor Abel auf der Sitzung der Klasse Physik einen Kurzvortrag über physikalische und biophysikalische Grundlagen der Neutronentherapie hielt, wurde im Protokoll der Vorschlag festgehalten, eine Sitzung zum Problem der Wirkung von Neutronen auf belebte und unbelebte Materie abzuhalten. Herr Rompe beauftragte mich mit der Vorbereitung eines entsprechenden Kolloquiums. Ich möchte besonders Herrn Flach für mehrere Beratungen zur Programmgestaltung danken. Da es nicht möglich ist, an einem Tag ausführlich über alle in der DDR laufenden Arbeiten zu berichten, entschlossen wir uns von vornherein zwei große Gebiete, die Neutronenreaktorphysik und die Neutronendosismessung, als Vortragsthemen herauszulassen, sowie Probleme der Wirkung von Neutronen auf belebte Materie auf ein Minimum zu beschränken zugunsten der Themen, wie sie im Vortragsprogramm aufgenommen wurden. Dabei hielten wir es für sinnvoll, an den Anfang auch einen Vortrag über die derzeit in der Wissenschaft verwendeten Neutronenquellen und ihre Entwicklungstendenzen und an den Schluß einen Vortrag über Neutronenstrahlenschutz zu stellen, da beide in dem Maße an Bedeutung gewonnen haben, wie das Arbeiten mit Neutronen zugenommen hat.

Wir wollen das heutige Kolloquium als ein Informationskolloquium betrachten, in dem wir uns einen Überblick über den Stand einiger Arbeiten in der DDR verschaffen, die Neutronen zur Lösung von Problemen in Wissenschaft und Praxis einsetzen.

Günter Flach

Das Neutron und seine Wechselwirkung mit Materie

Die Entdeckung des Neutrons löste eine Welle des wissenschaftlichen Fortschritts aus und wurde insbesondere in zwei Richtungen wirksam.

Einerseits eröffneten sich mit der Entdeckung des Neutrons Möglichkeiten für die Weiterentwicklung unserer Vorstellungen über die Struktur der Atomkerne, die in die Beziehungen des Neutrons zu den anderen Elementarteilchen und somit in die Elementarteilchenphysik münden. Andererseits rückte das Feld der Neutronen-Kernreaktionen im weitesten Sinne in den Mittelpunkt der Aufmerksamkeit. Heraus entwickelten sich neben der künstlichen Radioaktivität und der Kernspaltung insbesondere die angewandten Richtungen (aus der Sicht der Neutronenphysik), die uns hier beschäftigen.

Forschungen an und mit Neutronen sind heute hauptsächlich im Rahmen folgender Richtungen von Wissenschaft und Praxis wesentlich:

- Untersuchungen zur starken Wechselwirkung von Elementarteilchen und zum Charakter der Kernkräfte,
- Untersuchungen von Kernumwandlungen - also zur schwachen Wechselwirkung - sowie Untersuchungen angeregter Zustände von Atomkernen,
- Astrophysikalische Probleme, die mit der Evolution der Sterne und des Weltalls zusammenhängen (hier kann man auch von Neutronen unter extremen Bedingungen sprechen),
- Analyse der Zusammensetzung von Stoffen und Strukturanalyse von Materialien,
- Gewinnung von Kernenergie (heute nun schon in industriellem Maßstab),
- Gewinnung künstlicher radioaktiver Stoffe,
- Biologische Wirkung von Neutronen auf lebende Materie einschließlich des menschlichen Organismus.

Alle diese Richtungen, die wiederum in sich eine große Vielfalt aufweisen, machen deutlich, wie breit heute das Spektrum wissenschaftlicher Arbeit und menschlicher Praxis ist, in dem zielgerichtet Neutronen angewendet werden. Diese Vielfalt hängt zweifelsfrei mit den Eigenschaften des Neutrons seinen Spezifika und der sich daraus ergebenden Rolle der Neutronen für die Struktur und die Eigenschaften der Materie zusammen.

Betrachten wir deshalb kurz die wichtigsten Eigenschaften des Neutrons. Das Neutron ist neben dem Proton einer der Träger der starken Wechselwirkung, wie sie uns bei der Erkundung der Kernkräfte entgegentritt.

Die Masse beträgt

$$m_n = 1{,}0086654 \text{ AEM},$$

was 939,55 MeV entspricht.

Damit ist die Masse des Neutrons um 1,29 MeV ($\approx 2{,}5\ m_e$) größer als die des Protons. Hier liegt auch die Ursache für die Radioaktivität des Neutrons.

Aufgrund der schwachen Wechselwirkung zerfällt das Neutron

$$n \to p + e^- + \bar{\nu}.$$

Die Halbwertszeit beträgt für ein freies Neutron im Vakuum

$$T_{1/2} = 650 \pm 10 \text{ s}.$$

Die Lebensdauer beträgt also

$$\tau = 940 \pm 15 \text{ s}.$$

Um eine anschauliche Darstellung zu geben, sei gesagt, daß für thermische Neutronen, die bei vielen Anwendungen eine große Rolle spielen, die Energie 0,1 eV oder anders ausgedrückt, die Geschwindigkeit von $2 \cdot 10^5$ cm/s, die mittlere Weglänge im Vakuum etwa 2000 km beträgt. Man erkennt, daß ein thermisches Neutron das Gravitationsfeld der Erde nicht überwinden kann.

Das hier Gesagte betraf freie Neutronen, selbstverständlich besitzen gebundene Neutronen auf Grund der Bindungsenergie andere Massen. Daher liegt die Lebensdauer von Neutronen im Kernverband zwischen 10^{-2} s in leichten Kernen des Typs B^{12} oder Li^8 und unendlich in stabilen Kernen.

Das Neutron ist ebenso wie das Proton ein Fermiteilchen mit dem Spin $\frac{1}{2}$.

Es ist elektrisch neutral und trägt ein magnetisches Dipolmoment

$$\mu_n = -1{,}913\ \mu_k \quad \text{(Kernmagnetonen)},$$

(zum Vergleich $\mu_p = 2{,}7926\ \mu_k$).

Heute wissen wir, daß das Neutron, ebenso wie auch die anderen Elementarteilchen, eine innere Struktur besitzt, das heißt aus fundamentaleren „Teilchen", den Quarks, aufgebaut ist. Schon das einfachste Quarkmodell, ergänzt durch ebenso einfache Annahmen zur Dynamik, ergibt bemerkenswerte Übereinstimmung bei der Berechnung des Magnetmomentes und bei der Interpretation tief-inelastischer Reaktionen von Elektronen mit Neutronen.

Nach wie vor offen ist die Frage nach einem von Null verschiedenen elektrischen Dipolmoment des Neutrons. Die Beantwortung dieser Frage ist von prinzipieller Bedeutung, da sie in unmittelbarem Zusammenhang mit der Frage der gleichzeitigen Nichterhaltung der Symmetrie bei räumlicher und bei Zeitinversion steht.

Aus diesen grundsätzlichen Eigenschaften des Neutrons ergeben sich nun auch die Arten der Wechselwirkung mit Materie.

Zunächst einige Bemerkungen zu den elektromagnetischen Wechselwirkungen. Sie sind zwar klein gegenüber der starken Wechselwirkung, können jedoch unter bestimmten Bedingungen bedeutungsvoll werden und daher auch in der Anwendung wichtig sein.

Der Hauptanteil wird durch das magnetische Moment des Neutrons bedingt. So kann die elektromagnetische Spin-Spin-Wechselwirkung zwischen Neutron und Elektron bei Abständen um 10^{-11} cm zu Wechselwirkungsenergien von etwa 10 eV führen, was im Bereich der Ionisationspotentiale von Atomen liegt.

Der effektive Wirkungsquerschnitt solch eines Prozesses liegt bei 10^{-23} cm^2, was um den Faktor 10^7 weniger ist als bei Stößen geladener Teilchen. Daher spielen Ionisationsprozesse bei solchen Wechselwirkungen kaum eine Rolle.

Die Lage ändert sich jedoch, wenn Neutronen an ferro- oder paramagnetischen Stoffen gestreut werden. Ist nämlich die Wellenlänge der Neutronen $\lambda_n \gg r_A$, r_A der Abstand zwischen den Spinträgern, so führt die Gleichrichtung der Spins vieler Atome zu Kohärenzeffekten in der Streuung, so daß die Größe der Streuquerschnitte vergleichbar mit denen der Kernwechselwirkung wird. Gleichzeitig treten Interferenzen in der gestreuten Welle auf, die sich in der Polarisation des gestreuten Neutronenfeldes äußern. Hier liegt der Grund für den Einsatz von Neutronen bei der Untersuchung magnetischer Eigenschaften von Festkörpern, und gleichzeitig eröffnet sich dabei die Möglichkeit der Erzeugung polarisierter Neutronen.

Von entscheidender Bedeutung für die Wechselwirkung von Neutronen mit Materie ist die starke Wechselwirkung. Sie besitzt bekanntlich eine sehr kurze Reichweite ($\leqq 10^{-12}$ cm) und ist unter anderem für die große Bindungsenergie der Nukleonen im Kernverband verantwortlich.

Folgende Prozesse sind im Rahmen der starken Wechselwirkung zwischen Neutronen und Kernen von Bedeutung:

a) elastische Streuung (n, n)
b) inelastische Streuung (n, n')
c) Kernreaktionen $(n, 2n)$, (n, p), (n, α)
d) Radiationseinfang (n, γ)
e) Kernspaltung (n, f)

Die Beschreibung all dieser Wechselwirkungsprozesse ist äußerst kompliziert, zumal die Abhängigkeit der entsprechenden Querschnitte von der Energie der einfallenden Neutronen in verschiedenen Energiebereichen und bei verschiedenen Reaktionspartnern äußerst unterschiedlich ist und meist konkurrierende Prozesse eine Rolle spielen. In dieser Vielfalt liegt auch die Breite des Anwendungsspektrums von Neutronen begründet.

Für die biologische Wirksamkeit von Neutronen insbesondere bei höheren Energien (im MeV-Bereich) sind praktisch alle Wechselwirkungsprozesse außer der Spaltung von Bedeutung, wobei die Vielfalt durch die biologische Wirksamkeit der im Verlaufe der Kernreaktionen entstehenden Sekundärstrahlung noch erhöht wird.

Für die Analyse der Zusammensetzung von Stoffen sind Kernreaktionen und der Radiationseinfang als Ausgangsprozesse zu betrachten. Für die Strukturanalyse schließlich spielen die Streuprozesse die Hauptrolle.

Im Rahmen eines kurzen Überblicks ist es natürlich nicht möglich, diese Vielfalt von Wechselwirkungsprozessen auch nur annähernd zu umreißen. Ich beschränke mich deshalb auf einige Bemerkungen zur Streuung langsamer Neutronen.

Die Wellenlänge der Neutronen sei

$$\lambda_n \gg R, \quad \text{was bedeutet } E \ll 0{,}7\,\text{MeV}.$$

In diesem Energiegebiet spielen nur die elastische Streuung (da wegen der wesentlich höheren Energien des ersten angeregten Zustandes der Streuzentren inelastische Streuung nicht in Frage kommt) und Einfangsprozesse eine Rolle. Typisch ist der Resonanzcharakter der Streuquerschnitte, was mit den quasistationären Zuständen des Systems (Kern + Neutron) zusammenhängt.

Zwei Besonderheiten spielen eine große Rolle:

1. Bei der Wechselwirkung mit Kernen, die in Molekülverbänden oder in Festkörperstrukturen vorliegen, sind auch bei geringen Neutronenenergien (1 eV und kleiner) inelastische Prozesse möglich, indem Freiheitsgrade in diesen Strukturen angeregt werden.
2. Da die Wellenlängen der Neutronen bei niedrigen Energien die Größenordnung des Abstandes zwischen den Streuzentren im Festkörper erreichen bzw. übertreffen, spielen Kohärenzeffekte in der Streuung eine bedeutende Rolle.

Hier liegt die Ursache für Interferenz- und Diffraktionserscheinungen, die insbesondere für die Strukturanalyse von entscheidender Bedeutung sind.

In diesem Sinne besitzen thermische Neutronen bei der Streuung an Festkörpern ähnliche Eigenschaften wie Röntgenstrahlen. Die Wellenlängen der streuenden Teilchen sind etwa gleichgroß, die Wirkungsquerschnitte betragen in beiden Fällen etwa einige barn, so daß etwa auch gleiche Brechungsindizes vorliegen.

Andererseits gibt es jedoch auch einige wesentliche Unterschiede. Aufgrund der elektromagnetischen Natur der Wechselwirkung zwischen Röntgenstrahlung und Atomen haben die Streuzentren in diesem Falle lineare Abmessungen von etwa 10^{-8} cm, die Abhängigkeit von Z (Ordnungszahl) wird wesentlich von der Elektronenstruktur beeinflußt und der Atomfaktor berücksichtigt. Diese Abhängigkeit ist relativ glatt.

Langsame Neutronen spüren den Kern (das Streuzentrum) als Punkt (mit linearen Abmessungen von 10^{-13} cm). Mikroskopisch ist die Streuamplitude für den Streuprozeß ausschlaggebend. Sie schwankt stark von Kern zu Kern, ist z. B. von der Neutronenzahl, dem Kernspin und anderen Größen abhängig.

Eine nähere Analyse des Streuprozesses langsamer Neutronen zeigt, daß bei $\lambda_n \gg R$ die absolute Größe der Änderung der Phase der gestreuten Welle gering ist, daß jedoch die Streuamplitude positiv ist, wenn die Phase der Streuquelle um $\approx \pi$ verschoben ist.

Bei unveränderter Phase wird die Streuamplitude negativ. Schon durch verschiedene Spinorientierungen des Neutrons und des Streuzentrums können verschiedene Vorzeichen und Größen der Streuamplitude bedingt sein. Bei der Streuung von Röntgenstrahlen ändert sich die Phase immer um 180°. Daher ist der Brechungsindex für Röntgenstrahlen auch immer <1, während er für Neutronen manchmal auch größer als 1 sein kann (Neutronenspiegel können daher nicht alle Stoffe sein, sondern nur solche mit $n < 1$).

Aus diesen Eigenschaften ergibt sich die Vielfalt der möglichen Fälle, denn für die Betrachtung von Interferenzeffekten ist die Addition der Streuamplitude mit nachfolgender Quadrierung notwendig.

Eine interessante moderne Untersuchungsrichtung an und mit Neutronen sind Versuche mit ultrakalten Neutronen. Als ultrakalte wollen wir Neutronen mit Energien ansehen, die unterhalb einer bestimmten Grenze für das gegebene Medium liegen. Diese Grenze wird durch die totale Reflexion der Neutronen an diesen Medien gegeben.

Sie läßt sich darstellen als

$$E_g = \frac{h^2}{2\pi m} N f_{\text{koh.}} - \vec{\mu} \cdot \vec{B}$$

(m ist die Neutronenmasse, N die Zahl der Atome im Einheitsvolumen, $f_{\text{koh.}}$ die kohärente Streulänge).

Totale Reflexion ist möglich an Medien mit positiver Streulänge. Aus der obigen Beziehung läßt sich herleiten, daß ultrakalte Neutronen etwa Energien um 10^{-7} eV haben. Eine Möglichkeit der Bereitstellung ultrakalter Neutronen ist ihre „Sammlung“ in einer „Falle“ am Reaktor.

Befinden sich also ultrakalte Neutronen in solch einer Falle, so werden sie bis zum radioaktiven Zerfall erhalten bleiben. Natürlich werden Wechselwirkungsprozesse wie Einfang und andere die effektive Lebensdauer herabsetzen. Man erreicht in der Paxis Verweilzeiten bis etws 10^2 s.

Um ein typisches Beispiel zu geben:

An einem Reaktor des JTEF wurde in einem Vertikalkanal ein Konverter aus Zirkonhydrid (zur Erzeugung ultrakalter Neutronen aus dem thermischen Spektrum) mit anschließender Falle aus Quarz und Beryllium installiert. Bei einem thermischen Fluß $4 \cdot 10^{13}$ n/cm^2 wurden im ersten Fall 400 und im zweiten Fall 800 ultrakalte Neutronen erhalten.

Beim Transport der Falle zum Untersuchungsort traten Verluste bis zu 36% auf. Ähnliche Resultate wurden bei Untersuchungen an einem Impulsreaktor erhalten.

Es ist verständlich, daß bei den hier geschilderten Verhältnissen die Detektion der ultrakalten Neutronen besonders große Schwierigkeiten hervorruft.

Das besondere Interesse für Untersuchungen mit ultrakalten Neutronen gründet sich zunächst auf einige Aspekte der Wechselwirkung von Neutronen mit Kernen und auf die nähere Bestimmung der Eigenschaften der Neutronen.

So ist z. B. die Bestimmung der Querschnitte der inelastischen Streuung bei niedrigen Energien von großem Interesse, dasselbe gilt für die Einfangquerschnitte. Für eine Reihe von Stoffen konnte festgestellt werden, daß die Breit-Wigner-Formel für die Einfangquerschnitte $\left(\approx \frac{1}{v}\right)$ auch im Energiebereich $v < 100$ m/s gültig ist (Au, Al, Cu u. a.)

Eine weitere bedeutungsvolle Untersuchungsmöglichkeit eröffnet sich für die Bestimmung des schon erwähnten elektrischen Dipolmoments. Die Vorzüge der Messung mit ultrakalten Neutronen sind offensichtlich. Da zur Bestimmung des elektrischen Dipolmoments Wechselwirkungsenergien bestimmt werden müssen, sind die auftretenden Fehler der Meßzeit umgekehrt proportional. Bei Flugzeitmessungen stehen Meßzeiten von etwa 10^{-2} s zur Verfügung. Da ultrakalte Neutronen bis etwa 10^2 s „leben", erhält man Empfindlichkeiten, die etwa um 4 Größenordnungen besser sind.

Klaus Hennig

Neutronenquellen für die Wissenschaft

1. Einleitung

In diesem Vortrag soll ein grober Überblick über Neutronenquellen mit möglichst hohem Neutronenfluß gegeben werden. Hoher Fluß (Anzahl von Neutronen, die pro Sekunde die Fläche von 1 cm^2 durchdringen) in dem Volumen, in welchem die Neutronen entstehen, bedeutet nicht unbedingt auch hohe Leistung der Quelle. Unter Leistung ist die erzeugbare Wärmemenge pro Zeiteinheit zu verstehen. In Kraftwerksreaktoren z.B. wird in einer Spaltzone mit großem Volumen eine hohe Leistung bei mittlerem Neutronenfluß in der aktiven Zone erzielt. Die im folgenden zu betrachtenden Quellen werden bei möglichst kleinen Volumen der aktiven Zone eine maximale Anzahl von Neutronen pro Zeit- und Flächeneinheit abgegeben. Diese Beschränkung auf Neutronenquellen mit möglichst hohem Fluß erfolgt, weil die Forschung mittels Neutronen an vorderster Front der Wissenschaft in der Regel höchste Neutronenflüsse benötigt.

Es soll sowohl auf unsere konkreten Möglichkeiten innerhalb der DDR und am Vereinigten Institut für Kernforschung in Dubna als auch auf den gegenwärtigen Weltstand eingegangen werden.

Hochflußneutronenquellen werden in folgenden Wissenschaftsgebieten eingesetzt:

- Energieerzeugung (Elektrizität, Wärme)
- Reaktorentwicklung (Test von Brennelementen und Konstruktionswerkstoffen)
- Isotopenproduktion (Nuklearpharmaka)
- Siliziumhomogendotierung (Halbleiterbauelemente)
- Aktivierungsanalyse (Geologie, Medizin, Halbleitertechnik)
- Neutronenradiographie (Brennelementuntersuchungen, Pyrotechnik)
- Kernphysik (Spaltproduktuntersuchungen, Reaktionen)
- Elementarteilchenphysik (elektrisches Dipolmoment des Neutrons, Neutronenexperimente)
- Strahleneinwirkung (Biologie, Medizin, Strahlenschutz)
- Physik der kondensierten Materie (Struktur, Dynamik)

Die Forderung nach möglichst hohem Fluß in den Vertikalkanälen innerhalb der Quelle (aktive Zone, Target) oder in den Horizontalkanälen außerhalb der Quelle führt neben anderen Anforderungen zur Spezialisierung der Neutronenquellen nach ihrem Verwendungszweck in:

a) Versuchsreaktoren (z.B. schnelle Brüter, Bor-60, Phönix)
b) Materialtestreaktoren (SM-2, MTR)
c) Reaktoren für die Isotopenproduktion (HFIR)
d) Forschungsneutronenquellen (HFR, PIK, RFR, IBR und SNS, IPNS).

In Klammern sind nur einige der bekanntesten Neutronenquellen angegeben.

Die Reaktoren Bor-60, SM-2, PIK und IBR befinden sich in der UdSSR, Phönix und HFR in Frankreich, MTR und HFIR in den USA (vgl. auch Tab. 1) Die Spallationsneutronenquellen (vgl. Abschnitt 4) befinden sich: SNS in England und IPNS in den USA.

Es läßt sich weiterhin eine grobe Unterteilung der Neutronenquellen nach besonderen Konstruktionsmerkmalen vornehmen:

- Stationäre Reaktoren
  überwiegend mit Vertikalkanälen in der aktiven Zone, Schleifen (a oder b oder c mit z.T. auch d)
  überwiegend mit Horizontalkanälen (d, z.T. auch c)
- Impulsreaktoren
  mit seltener Impulsabgabe (a, b)
  mit periodischer Impulsabgabe (d)
- Neutronenerzeugung mit Elektronen
  $1\,n/100\,e$ (30 MeV), (d und Injektor für periodischen Impulsreaktor)
- Neutronenerzeugung mit Protonen (Spallationsneutronenquellen) 30 n/1 p (800 MeV, ^{238}U), (d).

Mit den in Klammern angegebenen Buchstaben soll auf den Verwendungszweck hingewiesen werden. Relativ häufig wird an einem stationären Reaktor mit Horizontalkanälen auch Isotopenproduktion betrieben (RFR), oder am Isotopenproduktionsreaktor stehen in begrenztem Umfang Horizontalkanäle für die Forschung auf dem Gebiet der kondensierten Materie zur Verfügung (HFIR).

Die im Rahmen des Kolloquiums zu betrachtenden Wissenschaftsgebiete: Aktivierungsanalyse, Neutronenradiographie, Strahleneinwirkung und Physik der kondensierten Materie werden hauptsächlich mit den folgenden Neutronenquellen [1] bearbeitet:

- Stationäre Horizontalkanalreaktoren (10^{14}–10^{15} n/cm^2 s)
- Impulsreaktor
- Spallationsneutronenquellen. } (10^{16}–10^{18} n/cm^2 s im Impuls]

Das Feld physikalischer Forschung an kondensierter Materie, das Hauptanwendungsgebiet dieser Neutronenquellen, ist sehr breit [1]. Mit dem zur

Verfügung stehenden Wellenlängenbereich der thermischen Neutronen zwischen etwa 0,4 und 10 Å können Untersuchungen der kristallographischen und magnetischen Struktur durchgeführt werden, wobei den magnetischen Untersuchungen wegen ihrer Unikalität besondere Bedeutung zukommen. Die Kleinwinkelstreuung erlaubt, kristallographische und magnetische Inhomogenitätsbereiche einer mittleren Größe von 10–10000 Å zu untersuchen. Die Dynamik der kondensierten Materie umfaßt kritische, kollektive und Einteilchenanregungen in einem großen Energiebereich, angefangen von den Diffu-

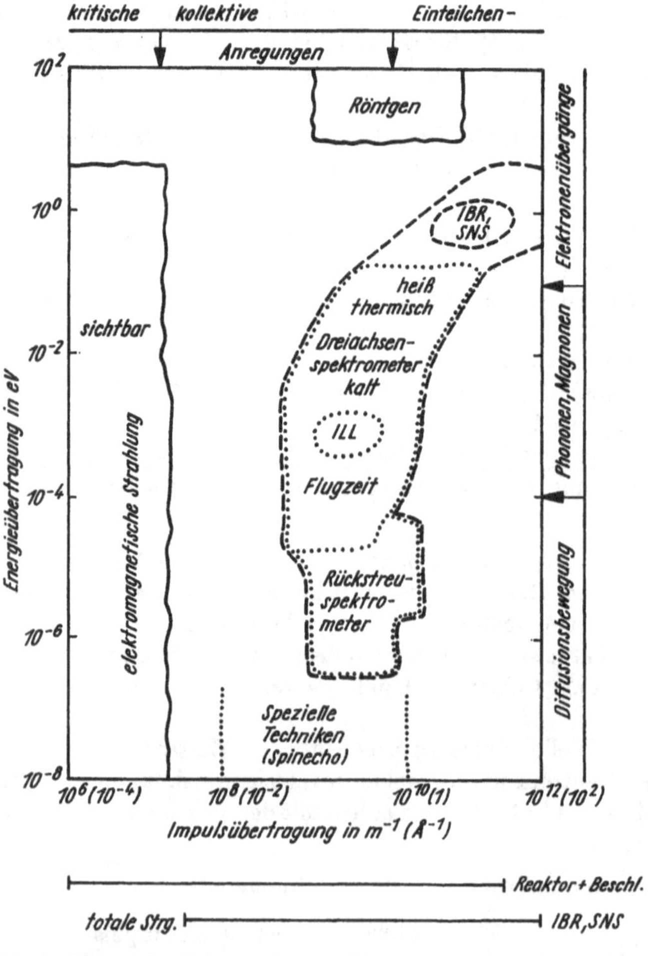

Abb. 1 Veranschaulichung des mit Neutronenstreuung erfaßbaren Bereichs physikalischer Eigenschaften der kondensierten Materie. IBR-Impulsreaktor in Dubna, SNS-Spallationsquelle im Rutherfordlaboratorium, ILL-Hochflußreaktor im Institut Laue-Langevin

sionsbewegungen über die Quasiteilchen bis hin zu den Elektronenübergängen. In Abb. 1 wird der Versuch unternommen, dieses von der Neutronenstreuung erfaßte Gesamtgebiet gegen andere Methoden abzugrenzen. Wie bekannt, erlaubt nur die Neutronenstreuung z.B. Die Dispersionsbeziehungen von Quasiteilchen in der ganzen Brillouinzone zu bestimmen.

Die Impulsneutronenquellen IBR und SNS erweitern das Gebiet, welches von stationären Hochflußreaktoren erfaßt werden kann, zu größeren Impuls- und Energieübertragungen, Abb. 1.

2. *Stationäre Forschungsreaktoren für Strahlexperimente*

In Tab. 1 sind für einige Forschungsreaktoren die thermische Leistung und der thermische Neutronenfluß aufgeführt. Der zum gegenwärtigen Zeitpunkt erzielbare maximale stationäre thermische Neutronenfluß beträgt $1{,}5 \cdot 10^{15}$ n/cm^2s. Der überwiegende Teil der Reaktoren hat einen Fluß von etwa 10^{14} n/cm^2s. Abb. 2 zeigt eine Fotografie des Rossendorfer Forschungsreaktors RFR, der seit 1957 in Betrieb ist. Seine ursprüngliche Leistung betrug nur 1 MW.

Tabelle 1 Einige stationäre Forschungsreaktoren für Strahlexperimente

Reaktor	Leistung (MW)	Thermischer Neutronenfluß (n/cm^2 s)	Bemerkungen
HFR, ILL, Grenoble, Frankreich	57	$1{,}5 \cdot 10^{15}$	Physik
PIK, Leningrad, UdSSR	100	10^{15}	im Bau, Physik
DIDO, Harwell, England	25	$2 \cdot 10^{14}$	Physik, Neutronenradiographie
PLUTO, Harwell, England	25	$2 \cdot 10^{14}$	Physik
NRX, Chalk River, Kanada	100	$1{,}5 \cdot 10^{14}$	Physik
DR-3, Risö, Dänemark	10	10^{14}	Physik
FRJ, Jülich, BRD	10	10^{14}	Physik
RFR, Rossendorf, DDR	10	10^{14}	Physik, Neutronenradiographie
HERALD, Aldermaston, England	5	$5 \cdot 10^{13}$	Neutronenradiographie Physik

Anhand des Hochflußreaktors (HFR) im Institut Laue-Langevin (ILL), Grenoble, dem z. Z. leistungsfähigsten Hochflußreaktor für die Forschung auf dem Gebiet der kondensierten Materie, sollen einige der wichtigsten Eigenschaften besprochen werden. Abb. 3 zeigt die Flußverteilung für thermische,

Abb. 2 Ansicht des Rossendorfer Forschungsreaktors RFR
1 — Reaktorkopf, 2 — Umladevorrichtung der Vertikalkanäle, 3 — biologische Abschirmung, 4 — Monochromatorabschirmung eines Horizontalkanals

intermediäre, epithermische und schnelle Neutronen im D_2O-Moderator in Abhängigkeit vom Abstand vom Zentrum der aktiven Zone. Aufgrund besonders günstiger Moderationseigenschaften des D_2O entsteht im Moderator zwischen 20 und 50 cm Entfernung vom Reaktor ein besonders hoher thermischer Fluß. An dieser Stelle im Moderator sollten möglichst alle Kanäle beginnen, um diesen maximalen Fluß den Experimenten zuzuführen, Abb. 4. Die meisten Kanäle sind zur Verringerung des Untergrundes von Gammastrahlen tangential angebracht. Außerdem sind in Abb. 4 eine kalte Quelle (Moderator aus flüssigem Wasserstoff) und eine heiße Quelle (Graphit auf 2000 °C) eingezeichnet. Sie dienen der Verschiebung des Neutronenspektrums, Abb. 5, und erweitern den Energiebereich der verfügbaren Neutronen. Das ist z.B. zur Vermeidung von Bragg-Reflexionen bei der Kleinwinkelstreuung durch Verwendung von Neutronen großer Wellenlängen (kalte Quelle) von besonderer Bedeutung.

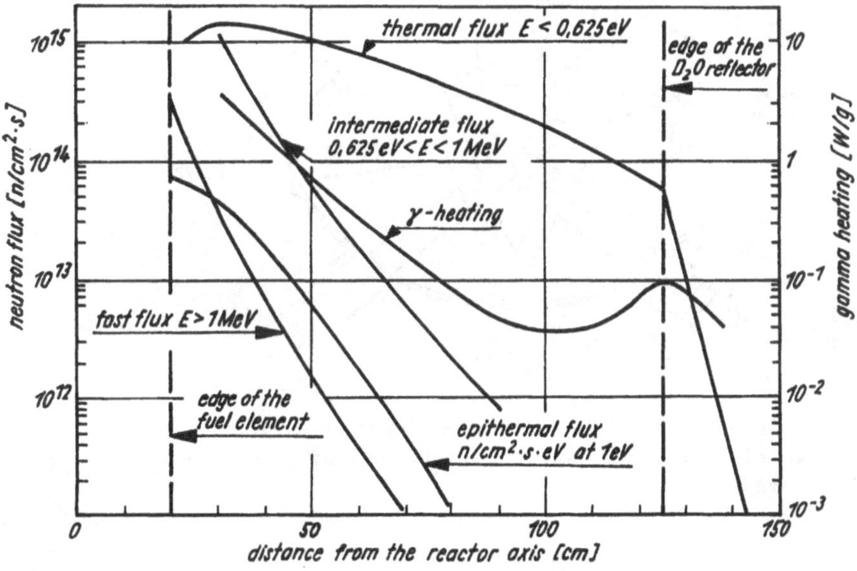

Abb. 3 **Flußverteilung im D_2O-Moderator des Hochflußreaktors HFR des ILL** [2]

Einen Überblick über die Experimentiereinrichtungen rund um den Reaktor gibt Abb. 6. Die 25 Horizontalkanäle sind mit ca. 50 Meßplätzen ausgerüstet, die den in Abb. 1 gekennzeichneten Bereich der Energie- und Impulsübertragung zu erfassen gestatten. Auf die einzelnen Spektrometer kann nicht eingegangen werden, vgl. dazu [2]. Ein Aspekt verdient hervorgehoben zu werden, nämlich die Bedeutung des ILL als wissenschaftliches Forschungszentrum. Seit 1972 ist die Zahl der pro Jahr vorgeschlagenen Experimente von etwa 80 auf über 800 gestiegen.

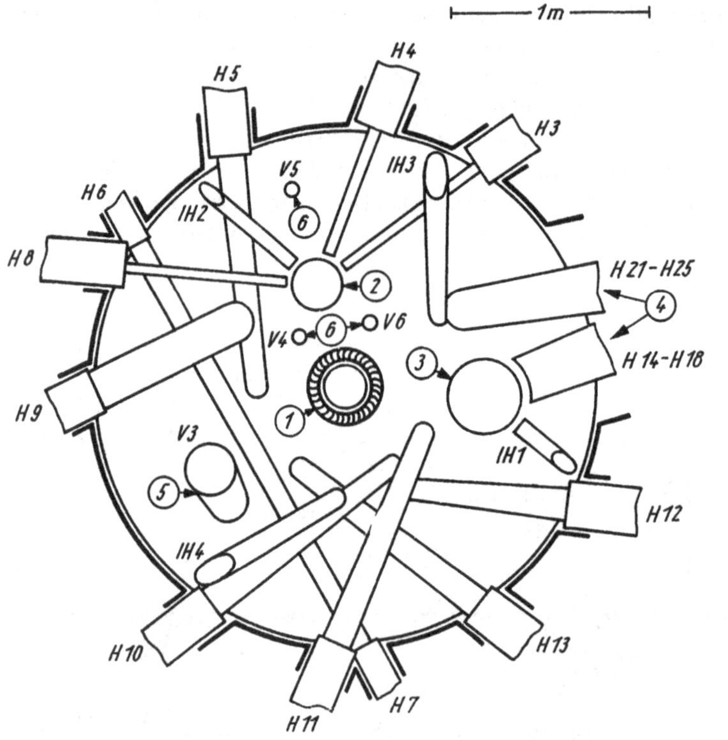

Abb. 4 Anordnung der Horizontalkanäle im Moderator des HRF.
1 — aktive Zone, 2 — heiße Quelle, 3 — kalte Quelle, 4 — Neutronenleiter, 5 und 6 — Vertikalkanäle [2]

Die zeitliche Entwicklung des maximal erzeugbaren stationären und Impuls-Neutronenflusses illustriert Abb. 7. Dieser Vergleich ist nur im weiteren Sinne statthaft, und zwar unter der Annahme, daß für gleich maximale Flüsse der Quellen die beim Experiment wirksamen Neutronenflüsse für die stationäre und gepulste Quelle etwa gleich sind. Das kann im Einzelfall für verschiedene Typen von Spektrometern und Randbedingungen (wie z.B. verfügbare Probengröße) nicht erfüllt sein. Für die stationäre und gepulste Quelle gibt es natürlicherweise eine ganze Reihe von Aufgaben, die nur mit einer der beiden Quellen besonders gut oder überhaupt untersucht werden kann. Trotz dieser

Einschränkungen hat sich solch eine Darstellung eingebürgert. Aus Abb. 7 sind zumindest Entwicklungstendenzen gut ablesbar. Für die stationären Reaktoren ist eine Sättigung zu verzeichnen. Dafür gibt es vor allem technologische Gründe, die kaum mehr steigerungsfähige Wärmeabfuhr aus der kompakten aktiven Zone und der monatlich erforderliche Brennstoffwechsel. Weitere Entwicklungsmöglichkeiten sind gegenwärtig bezüglich des maximalen Impulsflusses vom Impulsreaktor und der Spallationsquelle zu erwarten.

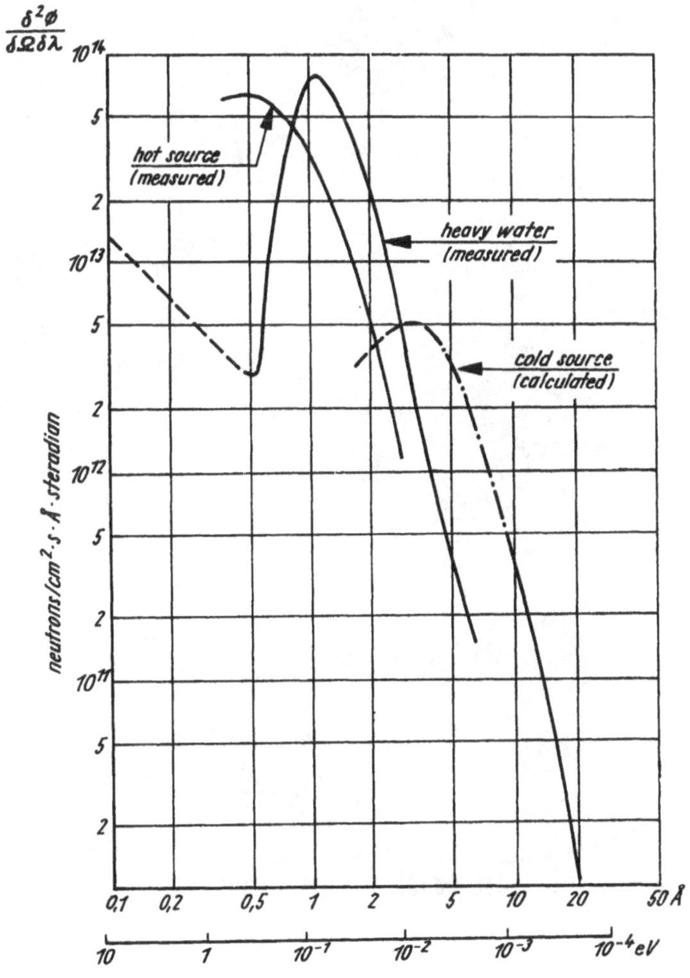

Abb. 5 Neutronenspektren für verschiedene Moderatoren des HFR [2]

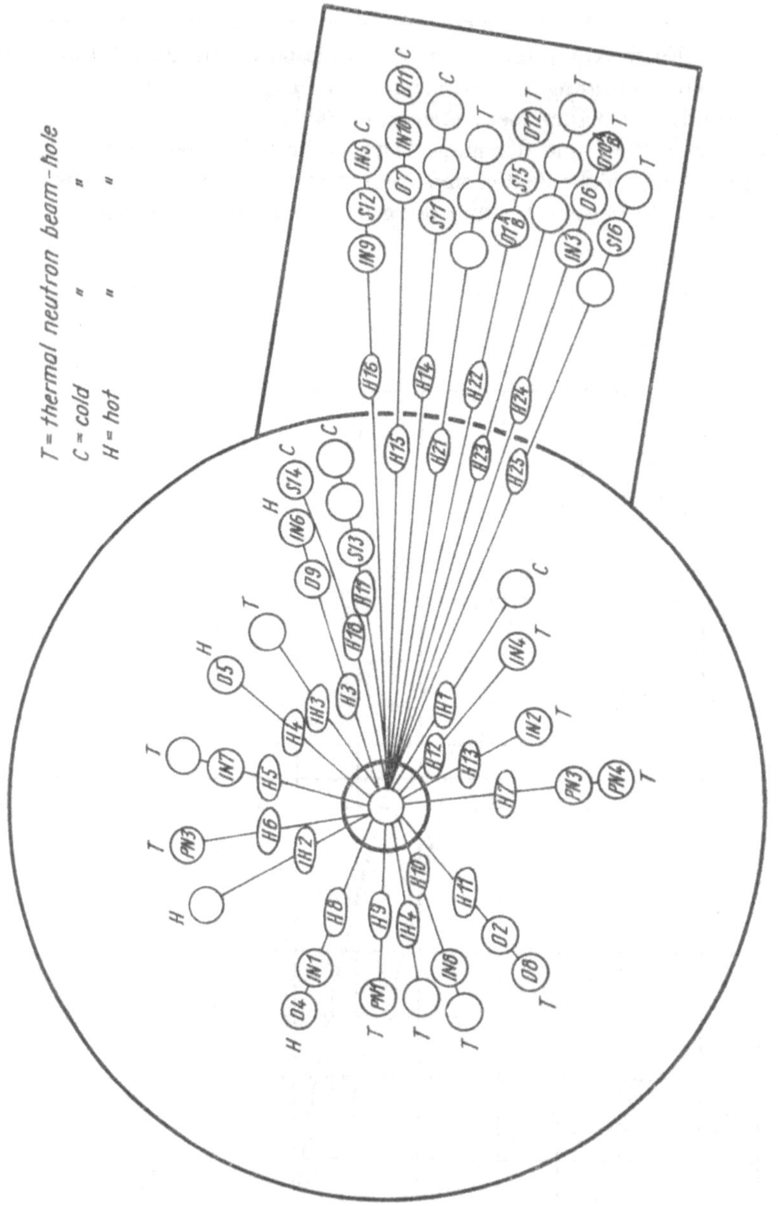

Abb. 6 Verteilung der Experimentiereinrichtungen um den HFR [2]

Die Elektronenbeschleuniger haben hinsichtlich ihrer Möglichkeiten zur weiteren Erhöhung des erzeugbaren Neutronenflusses kaum Perspektiven, da relativ zur Neutronenerzeugung im Target zuviel Wärme entsteht.

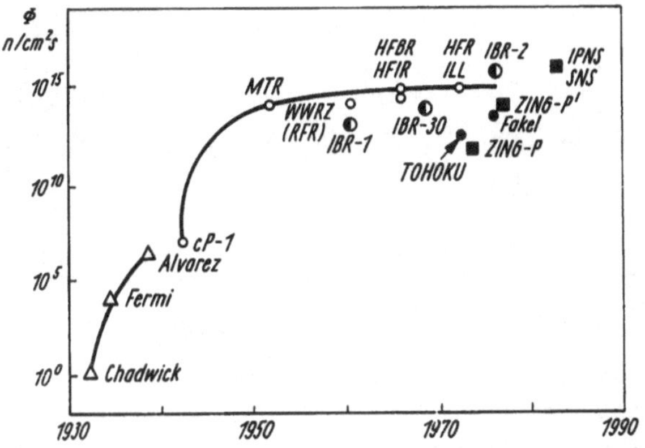

Abb. 7 Zeitliche Entwicklung des maximalen stationären bzw. maximalen gepulsten Neutronenflusses [1]. ○ — stationäre Reaktoren, ◑ — Impulsreaktoren, ● — Elektronenbeschleuniger, ■ — Protonenbeschleuniger (Spallationsquellen)

3. *Impulsreaktoren* (periodische)

Die bisherige Entwicklung der Impulsreaktoren hat ausschließlich am Vereinigten Institut für Kernforschung in Dubna stattgefunden. Ausgehend von den theoretischen Vorstellungen von Bondarenko und Stawissky [3] und der Initiative Blochinzevs wurden am Laboratorium für Neutronenphysik unter Leitung von I. M. Frank, Abb. 8, die Impulsreaktoren mit schnellen Neutronen gebaut [4], Tab. 2.

Anhand von Abb. 9 soll die Wirkungsweise des Impulsreaktors erklärt werden. Die Größe der Reaktivität des unbeweglichen Teils der aktiven Zone (3)

Tabelle 2 Impulsreaktoren

Typ	Inbetrieb-nahme	Mittlere-Leistung	Bemerkung
IBR-1	1960	1 kW	Modulation der Brennstoffmasse, Luftkühlung
IBR-30	1969	30 kW	rekonstruierter IBR-1
IBR-2	1980/81	4 MW	Modulation des Reflektors, Natriumkühlung

Abb. 8 Prof. I. M. Frank, Mitglied der AdW der UdSSR und der DDR, Nobel- und Leninpreisträger

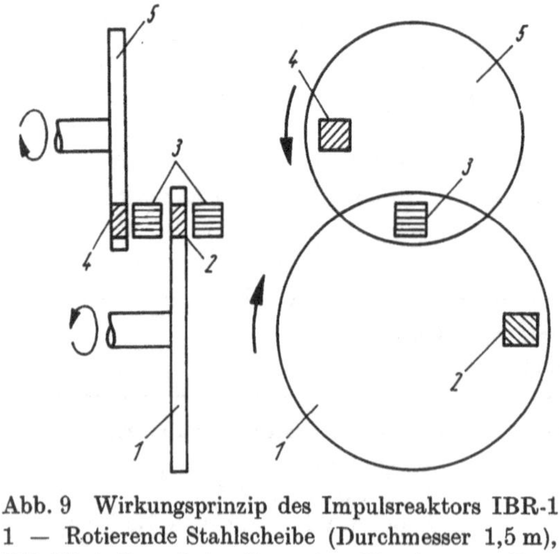

Abb. 9 Wirkungsprinzip des Impulsreaktors IBR-1 [1]
1 — Rotierende Stahlscheibe (Durchmesser 1,5 m), 2 — Kernbrennstoff, metallisches ^{25}U (4 kg), 3 — aktive Zone, 4 — Kernbrennstoff in zusätzlicher rotierender Scheibe 5

wird so eingeregelt, daß eine Kettenreaktion nur dann ablaufen kann, wenn sich die beiden zusätzlichen Kernbrennstoffteile (2 und 4) gleichzeitig in unmittelbarer Nähe von (3) befinden. Zwei bewegliche Scheiben mit Brennstoffeinsätzen werden benötigt, um die Auflösungsforderung der Experimentiertechnik: Zeit zwischen den Impulsen $10^3 \cdot$ Impulsbreite erfüllen zu können.

Abb. 10 **Bewegliche Reflektoren für den IBR-2 auf dem Prüfstand**

Die bei 3000 U/min erzielbare Impulsbreite der schnellen Neutronen beträgt 100 μs, die Impulsfolgefrequenz in der Regel 5 Hz.

Die Leistungserhöhung um 2 Größenordnungen vom IBR-30 zum IBR-2 erfordert ein anderes Modulationsprinzip der Reaktivität. Es wird nicht wie beim IBR-1 und IBR-30 die Masse des Kernbrennstoffs, sondern die Reflektivität des die Zone umgebenden Reflektors mechanisch geändert. Dabei werden 2 bewegliche propellerförmige Reflektoren, die sich mit hoher Geschwindigkeit dicht an der aktiven Zone vorbeibewegen, eingesetzt, Abb. 10. Der Aufbau der aktiven Zone ist in Abb. 11 schematisch wiedergegeben. Die zeitliche Abhängigkeit der Reaktivität (t) und des entstehenden Neutronenimpulses $N(t)$ sind in Abb. 12 dargestellt. Dabei handelt es sich um die entstehenden schnellen Neutronen (0,1–10 MeV). Durch den Modulationsprozeß,

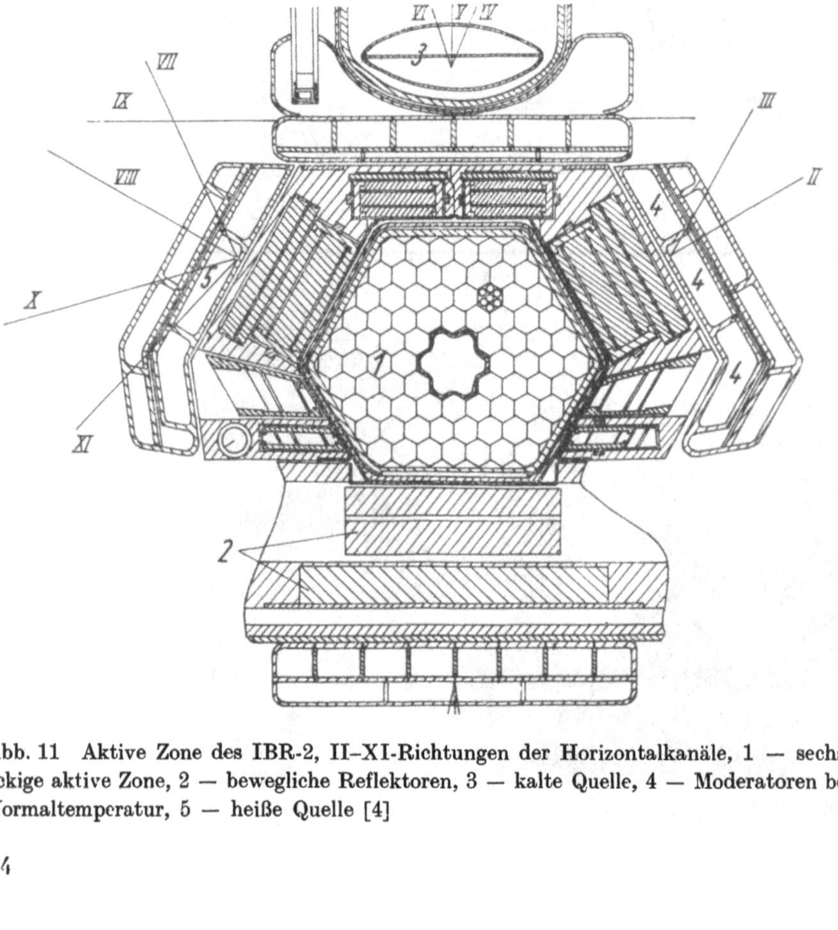

Abb. 11 Aktive Zone des IBR-2, II–XI-Richtungen der Horizontalkanäle, 1 — sechseckige aktive Zone, 2 — bewegliche Reflektoren, 3 — kalte Quelle, 4 — Moderatoren bei Normaltemperatur, 5 — heiße Quelle [4]

d.h. durch die Abbremsung dieser Neutronen im Moderator durch Stöße mit den Atomkernen der Moderatorsubstanz (z.B. den Protonen des Wassers), wird der Impuls merklich verbreitert, für thermische Neutronen bis zu 200 μs.

In Tab. 3 sind die wichtigsten Parameter des IBR-30 und des IBR-2 zusammengestellt. Zur Verkürzung des Impulses schneller Neutronen (wichtig für kernphysikalische Untersuchungen mit Resonanzneutronen) werden die zum Anfachen der Kettenreaktion notwendigen Neutronen durch eine (e, γ, n)-Reaktion erzeugt. Die Elektronen stammen aus Beschleunigern, deren Charakteristika ebenfalls in Tab. 3 angegeben sind. Die Parameter für den gemeinsamen Betrieb (Booster) von Reaktor plus Beschleuniger sind auch aufgeführt.

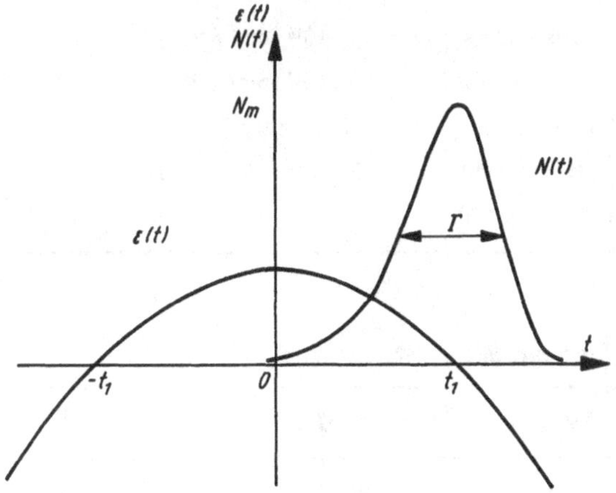

Abb. 12 Zeitlicher Verlauf der Reaktivität $\varepsilon(t)$ und des Neutronenimpulses $N(t)$m Γ — Impulsbereit [4]

Eine Impulsquelle erfordert eine spezifische Experimentiertechnik, die Flugzeitmethode, vgl. Abb. 13. Die von der Impulsquelle erzeugten Neutronen starten zur Zeit $t = 0$ an A. Der Impuls hat die Form *б*) und das Wellenlängenspektrum *в*). Da kurzwellige Neutronen sich schneller als langwellige von A wegbewegen, treffen an C zuerst die kurzwelligen und später die langwelligen ein, b). Bei der Reflexion an einer polykristallinen Probe reflektieren die unterschiedlichen Netzebenen zu verschiedenen Zeiten, was schematisch in *∂*) wiedergegeben ist.

Tabelle 3 Charakteristika des IBR-30 und IBR-2 [4]

Charakteristika	IBR-30	IBR-2
Mittl. therm. Leistung	25 kW	4 MW
Impulsleistung (5 Hz)	100 MW	8300 MW
Mittl. Lebensdauer der schnellen Neutronen	$1{,}5 \cdot 10^{18}$ s	$4{,}3 \cdot 10^{-8}$ s
Impulsbreite schnelle	70 μs	90 μs
thermische	100–200 μs	100–200 μs
Frequenz	5–100 Hz	5 oder 50 Hz
Mittl. therm. Fluß von Moderatoroberfläche	$5 \cdot 10^{10}$ cm^{-2} s^{-1}	$6 \cdot 10^{12}$ cm^{-2} s^{-1}
Impulsfluß von Moderatoroberfläche	10^{14} cm^{-2} s^{-1}	10^{16} cm^{-2} s^{-1}
Impulsfluß in aktiver Zone	$5 \cdot 10^{16}$ cm^{-2} s^{-1}	$6 \cdot 10^{17}$ cm^{-2} s^{-1}
Volumen der aktiven Zone	3 l, 20 kg Pu	22 l, 100 kg PuO_2
Kühlung	Luft, 200 m^3/h	Na, 120 t/h, 600 °C
Temperatur U/Pu	190–260/180 °C	

Charakteristika der zugehörigen Linearbeschleuniger

	LAE-40	LIU-30
Elektronenenergie	44 MéV	30 MeV
Impulsstrom	180 mA	250 A
Impulsbreite	1,8 μs	0,5 μs
Frequenz	100 Hz	50 Hz
Target	W, PuC; 800 °C	

Booster

Mittl. Leistung	6 kW
Multiplikation	100–200
Impulsbreite	3 μs

Die Flugstrecken, die die Neutronen zurücklegen, reichen von 10 bis 100 m für Experimente auf dem Gebiet der Physik der kondensierten Materie und bis zu 1 km für die Kernphysik. Abb. 14 zeigt einen Experimentiersaal (20×50 m^2) des IBR-2. Insgesamt werden 14 Horizontalbündel, ohne Berücksichtigung der weiteren Auffächerung durch totalreflektierende Neutronenleiter, zur Verfügung stehen.

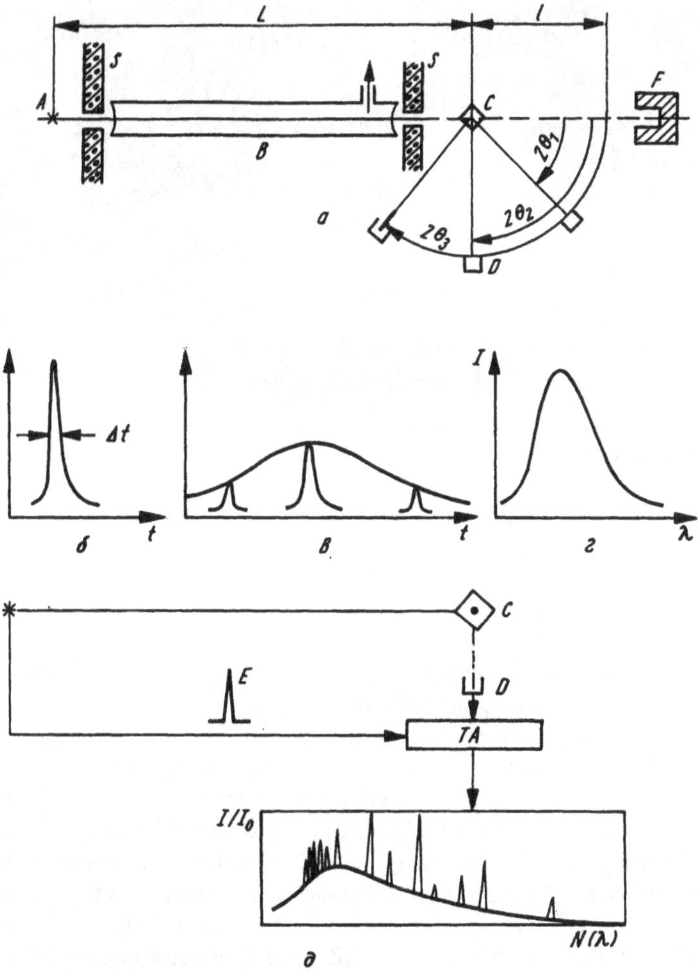

Abb. 13 Die Flugzeitmethode [1]. *a*) Schema, *A* — Impulsquelle, *S* — Abschirmung, *B* — Kollimator, *L* — Flugstrecke = 30 m, *l* — Flugstrecke = 1 m, *c* — Probe, *D* — Detektor, *F* — Falle, *б*) Reaktorimpuls, *в*) Reaktorimpuls an der Probe, *г*) Wellenlängenspektrum, *∂*) Nachweistechnik, *TA* — Zeitanalysator

Abb. 14 Einer der beiden Experimentiersäle des IBR-2 während seiner Ausrüstung mit evakuierten Neutronenleitrohren

4. Spallationsneutronenquellen

Bereits in Abb. 7 ist auf die Perspektiven der Erzeugung von Neutronen mit Hilfe von Protonen aus leistungsfähigen Beschleunigern hingewiesen worden. Tab. 4 gibt einen Überblick über wichtige Reaktionen, die z.Z. zur Erzeugung von Neutronen benutzt werden. Am günstigsten ist die Spallationsreaktion, da sie die größte Anzahl von Neutronen bei relativ geringer Wärmeproduktion zu erzeugen gestattet. Spallationsreaktion ist ein Oberbegriff für den in Abb. 15 dargestellten Sachverhalt. Zu bemerken ist, daß in nahezu kritischen Anordnungen noch eine Vervielfachung der Neutronen um einen Faktor 100–200 erreicht werden kann, vgl. das Boosterregime des IBR-30 in Tab. 3. Allerdings geht das auf Kosten der Impulsbreite. Es tritt eine Verbreiterung ein. Rechts in Abb. 15 wird auf den Brütprozeß zur Erzeugung von spaltbarem Material aus nichtspaltbarem hingewiesen. Beschleuniger mit den dazu aus ökonomischen Gründen erforderlichen stationären Strömen von einigen 100 mA existieren noch nicht [6]. Es gibt mehrere Projekte zum Bau einer gepulsten

Tabelle 4 Prozesse zur Erzeugung von Neutronen [5]

Prozeß	Neutronen/ einfall. Teilchen	Targetenergie/Neutron
$(e^- \gamma)$, (γn) in schwerem Element	$\sim 10^{-2}$/e (30 MeV)	~1 500 MeV
(dn) im Tritium	$\sim 10^{-4}$/d (400 keV)	~3 000 MeV
(dn) im Lithium	$\sim 3 \cdot 10^{-2}$/d (30 MeV)	~1 000 MeV
Protonenspallation in schwerem Element	~30/p (800 MeV, ^{238}U)	~55 MeV
Spaltung	~1/Spaltung	~200 MeV/Spaltung

Tabelle 5 Hauptparameter der Spallationsquelle SNS [5]

Mittlerer Radius des Synchrotrons	26,0 m
Injektionsenergie	70 MeV
Maximalenergie	800 MeV
Injektionsteilchen	H^-, Ladungsaustausch
Impulsfolgefrequenz	53 Hz
Frequenz Beschleunigungssystem	0,67–1,54 MHz
Intensität	$2{,}5 \cdot 10^{13}$ p/Impuls
Impulsbreite	0,22 μs
Neutronenerzeugung an U-Target	$4 \cdot 10^{16}$ ns^{-1}
Targetleistung	350 kW

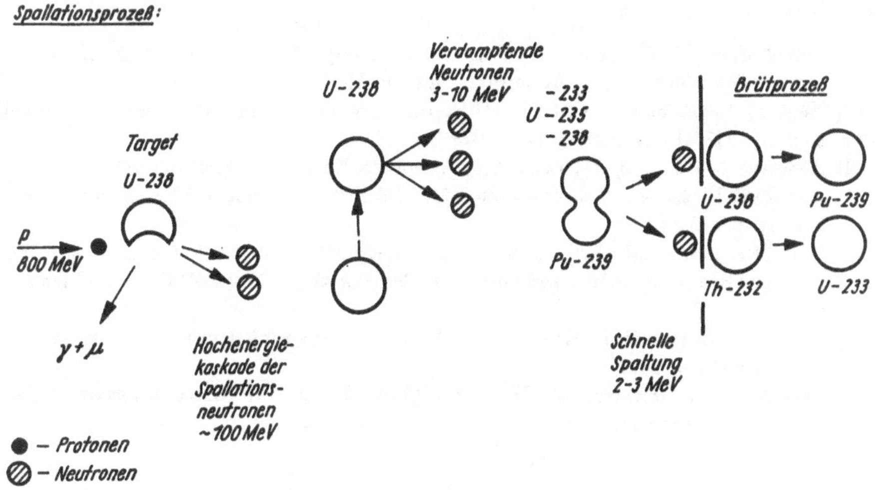

Abb. 15 Der Spallationsprozeß

leistungsfähigen Spallationsneutronenquelle [1]. Die Hauptparameter des im Bau befindlichen Projektes [5] sind in Tab. 5 aufgeführt. Ein Vergleich mit Tab. 3 zeigt, daß der mittlere Fluß vom IBR-2 und der Spallationsneutronenquelle SNS nahezu gleich ist.

5. Schlußbemerkungen

Abb. 1 zeigt überzeugend die Bedeutung der Neutronenquellen für die Physik der kondensierten Materie. Die Impulsquellen führen zu höheren Neutronenflüssen und zu einer Meßbereichserweiterung bezüglich der Impuls- und Energieübertragung. Die Flugzeitmethode erlaubt aber auch in vielen Fällen zusätzlich das gleichzeitige Erfassen größerer Meßbereiche und die einfachere Realisierung höherer Auflösung. Außerdem können Impulseinwirkungen (Magnetfeld, Druck,...) auf die Eigenschaften der Materie oder der Neutronen selbst auf die Materie (Erzeugung chemischer und biologischer Reaktionen) untersucht werden.

Für Wissenschaftsgebiete, bei denen es auf eine maximale Neutronenfluenz ankommt (Isotopenproduktion, Siliziumdotierung, Aktivierungsanalyse u.a.), sind die Impulsquellen nur in Spezialfällen von Interesse. In Vorversuchen auf dem Gebiet des elektrischen Erbrütens von Kernbrennstoff dürfte die wichtigste angewandte Bedeutung der Impulsspallationsneutronenquellen liegen.

Literatur

[1] Nozik, J. S., R. P. Oserov, K. Hennig: Nejtronj i tverdoje telo, Tom 1 „Strukturnaja Nejtronografija", Atomisdat, Moskwa 1979.

[2] Neutron Beam Facilities at the HFR, Institute Laue-Langevin, Grenoble, Annual Report 1973, Jahresbericht ILL 1978.

[3] Bondarenko, I. I., J. J. Stawissky: Atomnaja Energija 7, 5, 417 (1959).

[4] Ananjev, W. D., et al.: Preprint VIK P 3-10888, Dubna 1977, Preprint VIK P 13-12482, Dubna 1979.
E. P. Shabalin et al.: Proc. of an International Conference on Neutron Physics and Nuclear Data for Reactors and Other Applied Purposes, Harwell, United Kingdom, September 1978.

[5] Hobbis, L. C. W., G. H. Rees, SA. C. Stirling: Preprint Rutherford Laboratory RL-77-064/C, June 1977.

[6] Taschek, R. F.: Reprint LA-UR-78-2472, Los Alamos 1978. Baraschenkov, W. S., VIK Dubna, Elementarnije tschastizi i atomnoje jadro, 9, 871 (1978).

Klaus Hennig

Beiträge der Neutronenstreuung zum mikroskopischen Verständnis von Werkstoffeigenschaften

1. Einleitung

Der Einsatz der Neutronenstreuung zur Untersuchung von Festkörpern begann Ende der 40er Jahre auf der Grundlage der bekannten Röntgenmethoden und der damaligen Fortschritte der Kernphysik. Die grundlegenden theoretischen Arbeiten für die Einsatzmöglichkeiten der Streuung thermischer Neutronen an kondensierter Materie waren bereits in den ersten Jahren nach der Entdeckung des Neutrons erfolgt. Aber erst mit der Schaffung intensiver Neutronenquellen, der Kernreaktoren, erhielt die Neutronenstreuung praktische Bedeutung für die Lösung fundamentaler und angewandter Probleme. Ende der 50er Jahre standen in vielen Ländern Kernreaktoren zur Verfügung, in der DDR seit 1957.

An den Kernreaktoren hat die Untersuchung der kondensierten Materie mittels Neutronenstreuung in den vergängenen reichlich 20 Jahren eine breite Entwicklung erfahren, die sich heute u.a. in der Existenz einer Vielzahl von Neutronenstreuapparaturen äußert, die je nach der Untersuchungsproblematik spezialisiert wurden und meist einen hohen Automatisierungsgrad bis hin zum on-line-Betrieb aufweisen. In den letzten 10 Jahren existiert ein Trend zu Großforschungszentren mit Neutronenquellen höchster Intensität. Dieser Trend hebt jedoch die Bedeutung der kleineren nationalen Gruppen nicht auf.

Die Anwendung der Neutronenstreuung zur Lösung wissenschaftlicher Fragestellungen auf dem Gebiet der kondensierten Materie hat eine derartige Breite erreicht, daß es unmöglich ist, in der zur Verfügung stehenden Zeit einen Überblick zu geben. Es ist nicht einmal möglich, das für die in Rossendorf bearbeiteten Probleme zu tun. Nach einem Überblick über die am Rossendorfer Forschungsreaktor existierenden apparativen Möglichkeiten soll anhand von Beispielen ein Eindruck der Anwendungsbreite der Neutronenstreuung gegeben werden.

Folgende wesentliche Eigenschaften des Neutrons haben seinen Einsatz als Mikrosonde in der Physik der kondensierten Materie außerordentlich fruchtbar werden lassen [1]:

- Der Wellenlängen- bzw. Energiebereich der thermischen Neutronen, die vom Forschungsreaktor mit hoher Intensität erzeugt werden, fällt in den

Bereich der inneratomaren Abstände bzw. der Anregungsenergien von Quasiteilchen, Molekülschwingungen und Elektronenzuständen.

- Die Wechselwirkung des Neutrons findet mit dem Atomkern bzw. dem magnetischen Moment der Atomhülle statt. Die Kernstreuamplituden zeigen keine stetige Abhängigkeit von der Ordnungszahl. Sie sind sogar verschieden für Isotope ein und desselben Elements. Außerdem sind die Kernstreuamplituden unabhängig vom übertragenenen Impuls, d.h., der Formfaktor ist konstant. Ganz besonders wertvolle Möglichkeiten bietet die Neutronenstreuung bei Ausnutzung der magnetischen Dipolwechselwirkung; dabei ist der Formfaktor vom übertragenenen Impuls abhängig.
- Wegen der verschwindenden elektrischen Ladung des Neutrons ist sein Durchdingungsvermögen groß, was Vorteile bezüglich der Konstruktion von Hochtemperatur-, Tieftemperatur- und Druckkammern und gelegentlich Nachteile bezüglich des erforderlichen Probenvolumens bringt.

Tabelle 1 Neutronenstreuapparaturen am Rossendorfer Reaktor

1. Dreiachsenspektrometer

    Dynamik der kondensierten Materie (Phononen, Magnonen)
    — Phasenübergänge in Ferroelektrika
    — Quasiteilchen in intermetallischen Verbindungen

2. Pulverdiffraktometer

    Kristall- / Magnet- Struktur von kristallinen / amorphen Festkörpern
    Flüssigkeitsstruktur
    — Magnetische Struktur ternärer Legierungen

3. Doppelkristalldiffraktometer

    Realstruktur idealer Kristalle (dynamische Theorie)
    — Tendellösungseffekt
    — Rockingkurvenverbreiterung
    Kleinwinkelstreuung
    — Korngrößenbestimmung ferromagnetischer Materialien
    — Ausscheidungsuntersuchungen im Duraluminium

4. Texturdiffraktometer (2 Geräte)

    Faser- / Walz- / Rekristallisations- Texturen kubischer / hexagonaler Materialien

5. Neutronenradiographie

    Zerstörungsfreie Werkstoffprüfung
    — Brennelemente

In der Neutronenstreuung unterscheidet man zwei Hauptgebiete: die Diffraktometrie (nur Impulsübertragung) und die Spektrometrie (Impuls- und Energieübertragung), wobei die Diffraktometrie oder Beugung kristallographische und magnetische Strukturuntersuchungen an geordneten und ungeordneten Substanzen bis hin zur Kleinwinkelstreuung umfaßt, während die Spektroskopie die Dynamik (kollektive und Einteilchenanregungen) beinhaltet.

Am Rossendorfer Forschungsreaktor stehen die in Tab. 1 aufgeführten-Neutronenstreuapparaturen zur Verfügung. Sie arbeiten alle vollautomatisch. Die Hauptarbeitsrichtungen sind in der Tab. 1 ebenfalls angegeben.

Da eine leistungsfähige Neutronenquelle nicht in jedem wissenschaftlichen Institut zur Verfügung gestellt werden kann, betrachten sich die Wissenschaftler der Neutronenstreuung am Rossendorfer Forschungsreaktor als methodische Gruppe, die engste Koopreationsbeziehungen mit thematisch orientierten Institutionen pflegen muß. Zu ihnen gehören: das ZFW, die TU Dresden, die BA Freiberg, die TH Magdeburg, die WPU Rostock, die PH Halle, das VIK Dubna, das IAE Moskau, das IPM Krakow, das LM Metz u.a.

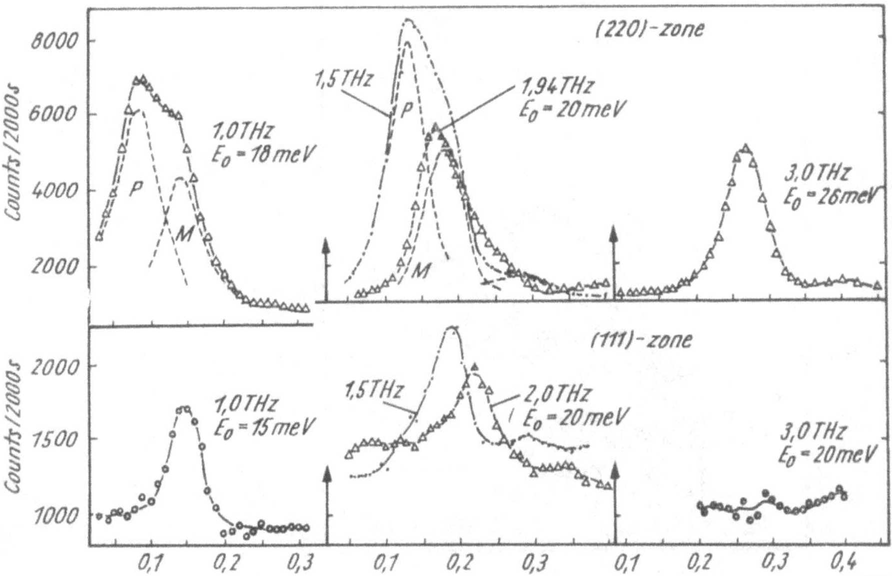

Abb. 1 Phononen und Magnonen Fe_3Al. E = const. —Scans für die (220)- und (111)-Zone. Bei 3 THz sind keine Magnonen mehr sichtbar

2. Indirekter Nachweis niedrigenergetischer Stonermoden im Fe_3Al durch Beobachtung von Spinwellen

Im Bandmodell des Ferromagnetismus (Itinerantmodell) für Übergangsmetalle (z. B. Fe, Co, Ni) treten Einelektronen-Spinumkehr-Anregungen, sogenannte Stonermoden, für ein bestimmtes Gebiet der Energie- und Impulsübertragung auf. Dieses Gebiet bildet das Stonerkontinuum. Falls die Dispersionsbeziehung einer Spinwelle im Stonerkontinuum verläuft, tritt dort eine Wechselwirkung auf, die zur starken Dämpfung der Spinwelle führt. Der Wechselwirkungsmechanismus ist bislang quantitativ nicht untersucht worden. Allerdings wird die Dämpfung von Spinwellen als indirekter Beweis für Stonermoden angesehen.

Erstmalig wurde diese Erscheinung an Ni und Fe für Energieübertragungen von 80–100 meV nachgewiesen [2]. Bei uns wurde dieser Effekt am Fe_3Al für bedeutend niedrigere Energien (10 bis 20 meV) experimentell gefunden und einer theoretische berechneten Stonerdichte zugeordnet [3]. Abb. 1 illustriert das Verschwinden des Magnonenpeaks und Abb. 2 sein Wiederauftauchen.

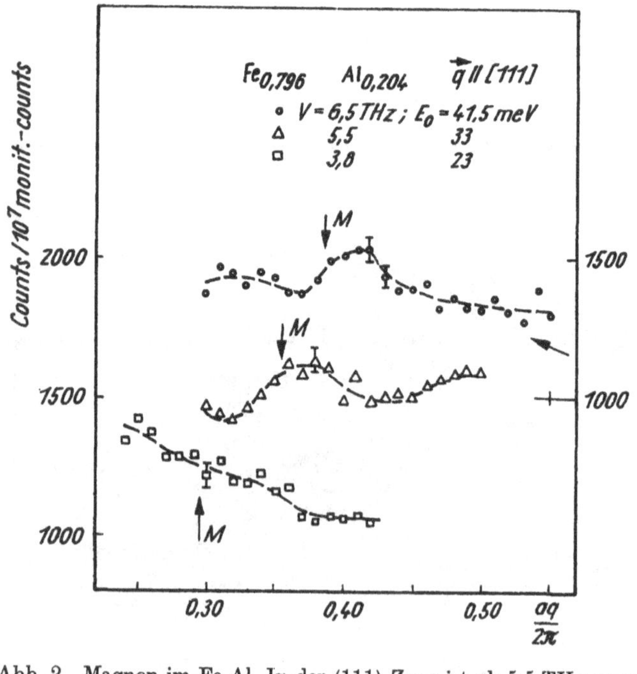

Abb. 2 Magnon im Fe_3Al. In der (111)-Zone ist ab 5,5 THz erneut ein Magnon sichtbar. Die Pfeile mit *M* bezeichnen die theoretisch erwarteten Peaklagen

Ausgehend von bekannten Bandberechnungen für Fe_3Al [4] wurde die Stonerdichte für die (111)-Zone berechnet. Es zeigte sich erstmals, daß nicht nur ein Kontinuum, sondern mehrere Inseln auftreten können (Abb. 3). Die Dispersionskurve durchläuft bei $E = 12$–16 meV solch eine Insel und verschwindet deshalb in diesem Bereich.

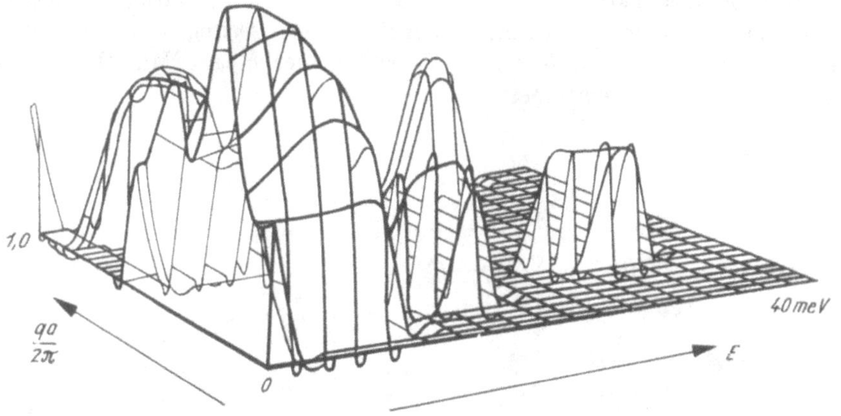

Abb. 3 Für Fe_3Al berechnete Stonerdichte in der (111)-Zone

3. Untersuchung der Magnetstruktur von $(Fe_{1-x}Mn_x)_3Al$-Legierungen; parasitärer Antiferromagnetismus

Abb. 4 zeigt die Fe_3Al-Struktur, in welcher Fe teilweise durch Mn ersetzt wird. Dabei tritt in Konkurrenz zur ferromagnetischen Wechselwirkung zwischen Fe–Fe die antiferromagnetische Wechselwirkung zwischen Mn–Mn in Erscheinung.

Diese im ungeordneten Zustand auch technisch wichtigen Legierungen (geringe Wirbelstromverluste, hoher elektrischer Widerstand, negativer Temperaturkoeffizient des elektrischen Widerstandes unterhalb Raumtemperatur) zeigen eine Abnahme des mittleren magnetischen Moments und der Curietemperatur mit wachsender Mn-Konzentration. Diese Erscheinung galt es, mikroskopisch zu erklären, vgl. [5, 6].

Die in Tab. 2 für ungeordnete Legierungen bestimmten magnetischen Momente für Fe und Mn (Fehler $\pm 0{,}04$) wurden mittels magnetisch-diffuser Neutronenstreuung nach der Gleichung

$$d_\sigma/d\Omega \approx c_1(1-c_1)\,(\mu_1-\mu_3)^2 + c_2\,(1-c_2)\,(\mu_2-\mu_3)^2 + \\ + 2c_1c_2\,(\mu_1-\mu_3)/(\mu_2-\mu_3)$$

und aus der für das mittlere Moment pro Atom $\bar{\mu}$ erhalten (c_i und μ_i – Konzentration und magnetisches Moment der i-ten Komponente). Das Ergebnis zeigt eine Abnahme der Fe- und Mn-Momente mit steigender Mn-Konzentration.

Für geordnete Legierungen sind die experimentellen Resultate in Tab. 3 wiedergegeben. Neben der Neutronenbeugung, welche aus den Intensitäten der Reflexe (111), (200), (220) bei 300 und 80 K mit und ohne äußeres Feld (parallel zum Streuvektor) die Atom und Momentverteilung liefert, wurden die Röntgenbeugung (Atomverteilung), Magnetisierungsmessungen (T_C und mittleres Moment), Mößbauereffekt am ^{57}Fe und Spinecho am ^{55}Mn (Hyperfeinfelder an den Kernen) eingesetzt.

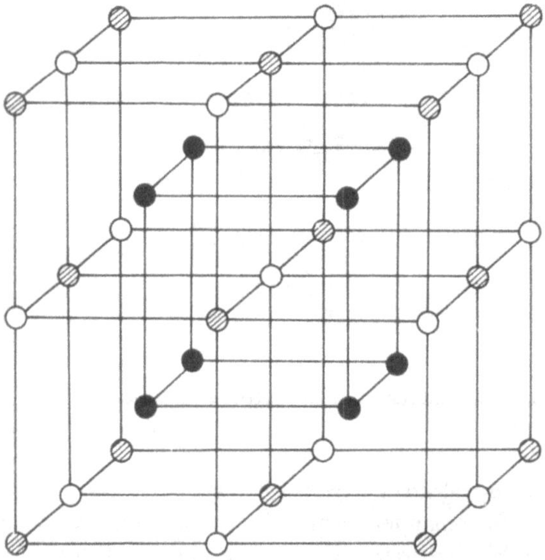

Abb. 4 Struktur des Fe_3Al (DO_3)
○ — Fe, 8 Fe-Nachbarn
● — Fe, 4 Fe und 4 Al-Nachbarn
◍ — Al

Tabelle 2 Experimentelle Ergebnisse für ungeordnete Legierungen

Probe	c_{Mn} (At.-%)	c_{Al} (At.-%)	$\bar{\mu}/\mu_B$	μ_{Fe}/μ_B	μ_{Mn}/μ_B
1	3,4	24,4	1,37	2,0	2,0
2	7,0	24,9	1,18	1,7	1,7
3	9,4	24,9	1,06	1,7	0,7
4	13,9	25,5	0,89	1,5	0,7

In Tab. 3 sind folgende Trends abzulesen: Mn bevorzugt ◉ gegenüber ●, und mit wachsender Mn-Konzentration fallen die Untergittermomente in ◉ und ●, in ● deutlicher. Das heißt, Mn kann nicht die direkte Ursache für den Abfall sein, da in ● weniger Mn als in ◉ ist. Die Ursache ist in der Mn-Nachbarschaft zu suchen. Es gibt zwei Erklärungsmöglichkeiten: Entweder das lokale Fe-Moment nimmt ab (Widerspruch zu Mößbauereffekt- und Spinechountersuchungen) oder Mn–Mn- und Fe–Mn-Paare induzieren antiferromagnetische Momentkopplungen in kleinen Bereichen. Letztere Erscheinung, als parasitärer Antiferromagnetismus bezeichnet, wird als der hier wirksame Effekt angenommen.

Tabelle 3 Experimentelle Ergebnisse für geordnete Legierungen

Probe	$c_{Mn}^{●}$	$c_{Mn}^{◉}$	$c_{Mn}^{○}$	$T_C(K)$	$\bar{\mu}/\mu_B$	$\mu^{●}/\mu_B$	$\mu^{◉}/\mu_B$	$\mu^{○}/\mu_B$
1	1	3	9	761	1,05	1,18	1,55	0,29
2	4	10	10	524	0,77	0,96	1,15	0
3	7	16	8	440	0,56	0,56	1,05	0,09
4	11	23	11	325	0,28	0,17	0,78	0

4. *Texturuntersuchungen an Mikroduplexstählen*

Einige allgemeine Bemerkungen zur Texturanalyse mittels Neutronenstreuung seien vorangestellt [7]. Abb. 5 veranschaulicht die Entstehung einer Textur durch den Verformungsprozeß Walzen.

Unter Textur wird die Verteilung der kristallographischen Orientierungen der Kristallite einer polykristallinen Probe verstanden.

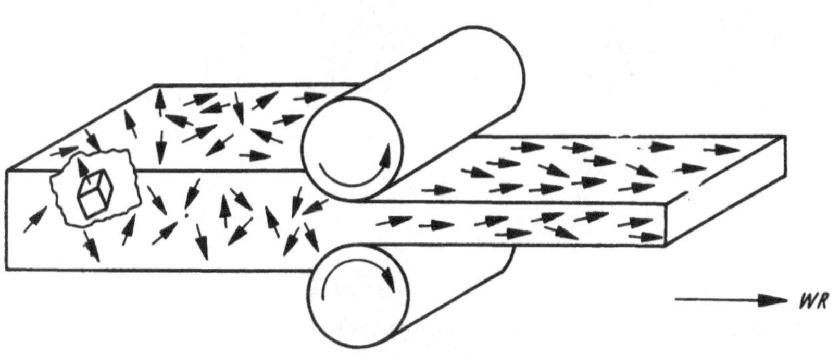

Abb. 5 Schematische Veranschaulichung der Texturentstehung beim Walzprozeß
WR – Walzrichtung

Die wissenschaftliche Aufgabenstellung der Texturanalyse besteht im wesentlichen darin,

- aus der Änderung der Textur durch Verformungs- und Rekristallisationsprozesse (bei unterschiedlichen Temperaturen) Aussagen über ablaufende Mechanismen zu gewinnen oder
- durch gezielte Beeinflussung der Textur bei technologischen Prozessen Verbesserungen von Werkstoffeigenschaften wie z.B. der Festigkeit, der elektrischen Verluste oder der Tiefziehfähigkeit zu erhalten.

Die Texturanalyse mittels Neutronenbeugung hat im Vergleich zur Röntgenbeugung nicht zu übersehende Vorteile bei der Untersuchung technischer Materialien gängiger Abmessungen. Das liegt an den unterschiedlichen Absorptionsquerschnitten. Für Fe oder Cu z.B. beträgt die optimale Probendicke $\leqq 1$ mm für Neutronen und $\leqq 0{,}01$ mm für Röntgenstrahlen. Das bedeutet, daß die neutronographische Texturanalyse einen Mittelwert des untersuchten Probenvolumens liefert, der praktisch die makroskopischen Werkstoffeigenschaften bestimmt. Die Textur dünner Schichten und Texturinhomogenitäten sind besser oder nur mittels Röntgenbeugung untersuchbar.

Mit einer Polfigur (Abb. 6) ist die Lage der Kristallite nicht vollständig festgelegt, da nur die Normalenrichtung der Reflexionsebene (hkl) in der Regel bestimmt werden kann. Zur Ermittlung einer Orientierungsverteilungsfunktion, die eindeutig die Lage der Kristallite beschreibt, ist die Kenntnis mehrerer Polfiguren unterschiedlicher Reflexionsebenen erforderlich. Den Zusammenhang

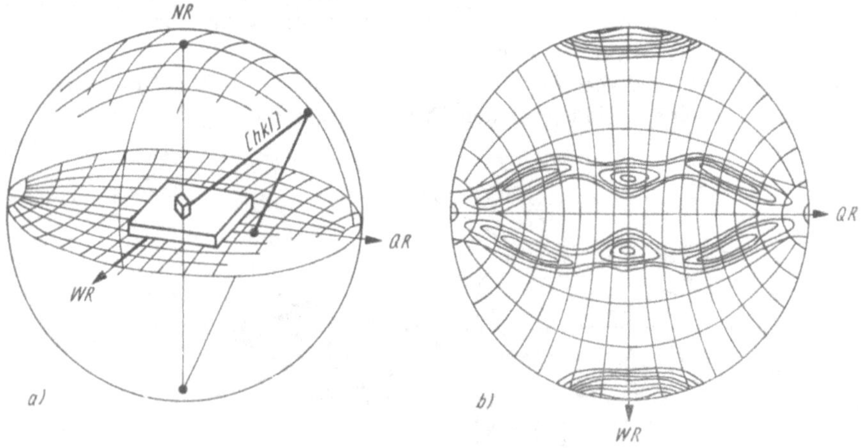

Abb. 6 a) Darstellung der Polkugel, in deren Mittelpunkt sich die Texturprobe befindet. *WR*, *QR* bzw. *NR* sind Walz-, Quer- bzw. Normalenrichtung der Probe
b) Stereographische Projektion der Häufigkeit der Kristallitebenennormalen von der Polkugel auf die Äquatorebene (= Polfigur)

zwischen Kristallitlage und Probenkoordinatensystem vermitteln z. B. die EULER-Winkel $\varphi_1, \Phi, \varphi_2$. Die Orientierungsverteilungsfunktion sagt aus, wie häufig Kristallite mit bestimmten Lagen, repräsentiert durch die EULER-Winkel, vorkommen. Abb. 7 zeigt eine Orientierungsverteilungsfunktion. Lage und Inten-

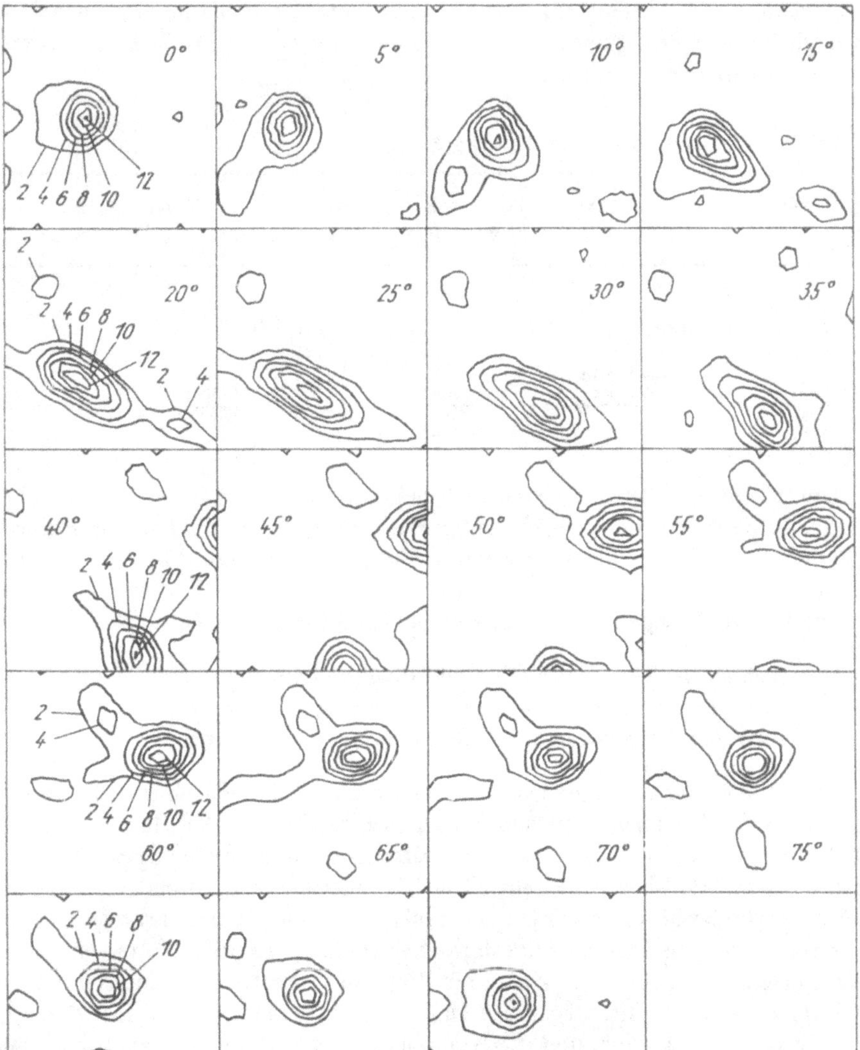

Abb. 7 Die Orientierungsverteilungsfunktion der Kristallite für 95% kaltgewalztes α-Messing mit 1 At.-% Zn, Ordinate: φ_1, Abszisse: Φ, $\Delta\varphi_2 = 5°$

sität der Texturkomponenten in Abb. 7 sind Gegenstand metall-physikalischer Betrachtungen. Aus der Orientierungsverteilungsfunktion können makroskopische Größen wie z.B. die Elastizitätskonstanten berechnet werden.

Als Beispiel wird die neutronographische Texturanalyse von Stahl mit Mikroduplexgefüge betrachtet [8]. Dieser Stahl besteht aus etwa 50% Ferrit (krz) und etwa 50% Austenit (kfz) und besitzt gute mechanische Eigenschaften bezüglich seiner Festigkeit und seines Verformungsverhaltens. Die Zusammensetzung ist in Tab. 4 angegeben.

Tabelle 4 Zusammensetzung des MD-Strahls

	C	Si	Mn	Ti	P	S	Cr	Ni	Fe
%	0,04	0,53	0,91	0,32	0,02	0,01	24,06	6,43	67,68

Die Herstellung des MD-Gefüges erfolgt über die Schritte:

Ferrit $\xrightarrow[\text{Glühen 1350 °C, 30 min}]{}$ $\xrightarrow{\text{Abschrecken in Wasser}}$ $\xrightarrow[\text{70\% Zustand CR}]{\text{Kaltwalzen}}$ $\xrightarrow[\text{850 °C 1 h}]{\text{Glühen}}$ MD-Gefüge

Untersucht wurden die Kaltwalzstufen $\eta = 0{,}5$; 10; 15; 20; 25; 30; 50; 70% mit je drei vollständigen Polfiguren pro Phase, und zwar der Reflexe (200), (220) und (311) für die kfz-Phase und (200), (211) und (220) für die krz-Phase.

Die Untersuchungen sollen Antwort geben auf die Fragen:

- Wodurch ist die Textur der einzelnen Phasen charakterisiert?
- Wie entwickelt sich die Textur als Funktion vom Walzgrad?
- Gibt es Wechselwirkungen der beiden Phasen bei der Texturentstehung?

Abb. 8 zeigt die Abhängigkeit der Orientierungsdichte einzelner Texturkomponenten der krz-Phase von den Zwischenzuständen bei der Herstellung des MD-Gefüges und den anschließenden Walzstufen. Die Bezeichnung der Komponenten bedeutet: Ebene in geschweifter Klammer fällt mit Blechoberfläche zusammen; die Richtung in eckiger Klammer zeigt in die Walzrichtung.

Überraschend in Abb. 8 ist die starke Schwankung der Intensitäten einzelner Komponenten bei kleinem Walzgrad. Im reinen Fe treten keine derartigen Schwankungen auf. Im Gegensatz zu Fe ist die Komponente c für kleine η relativ stark ausgeprägt, und die Komponenten a und d existieren bereits bei $\eta = 0\%$. Mit wachsendem η gehen die zwei der Komponenten b und d des reinen Fe in die b'- und d'-Lagen über.

Die starken Schwankungen bei kleinen Kaltwalzgraden können mit der Umwandlung von Austenit in Martensit korreliert werden. Auf die detaillierte

Diskussion der Komponenten unter Betrachtung von Stapelfehlerenergien und der Transformationsmechanismen von KURDJUMOW-SACHS und NISHIYAMA muß hier verzichtet werden, siehe [8].

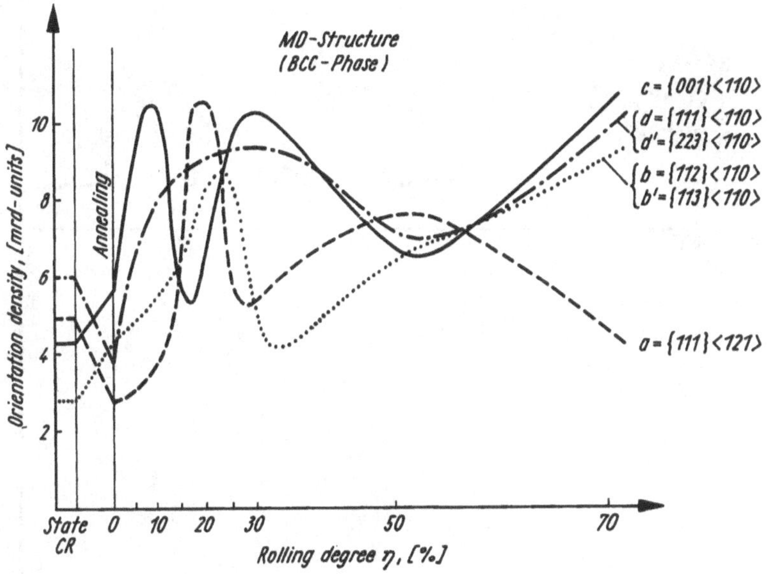

Abb. 8 Abhängigkeit der Orientierungdichte (in Vielfachen der Regellosigkeit) von der Herstellung und des Walzgrades

Nach unseren Erfahrungen besitzt für zukünftige Texturuntersuchungen die energiedispersive Methode am Impulsreaktor des Vereinigten Instituts für Kernforschung in Dubna besondere Perspektiven [9]. Das betrifft Untersuchungen

- an mehrphasigen kubischen Systemen
- an niedrigsymmetrischen Systemen (auch mehrphasigen)
- der Kinetik der Rekristallisation
- der magnetischen Textur.

Die Verwendung eines „weißen" thermischen, gepulsten Neutronenstrahls zur Untersuchung der Textur der soeben diskutierten Probe aus Mikroduplexstahl führt zu Flugzeitspektren, wie sie in Abb. 9 wiedergegeben sind. Wie ersichtlich, sind mit dieser Methode mehrere Polfiguren für beide Phasen gleichzeitig meßbar.

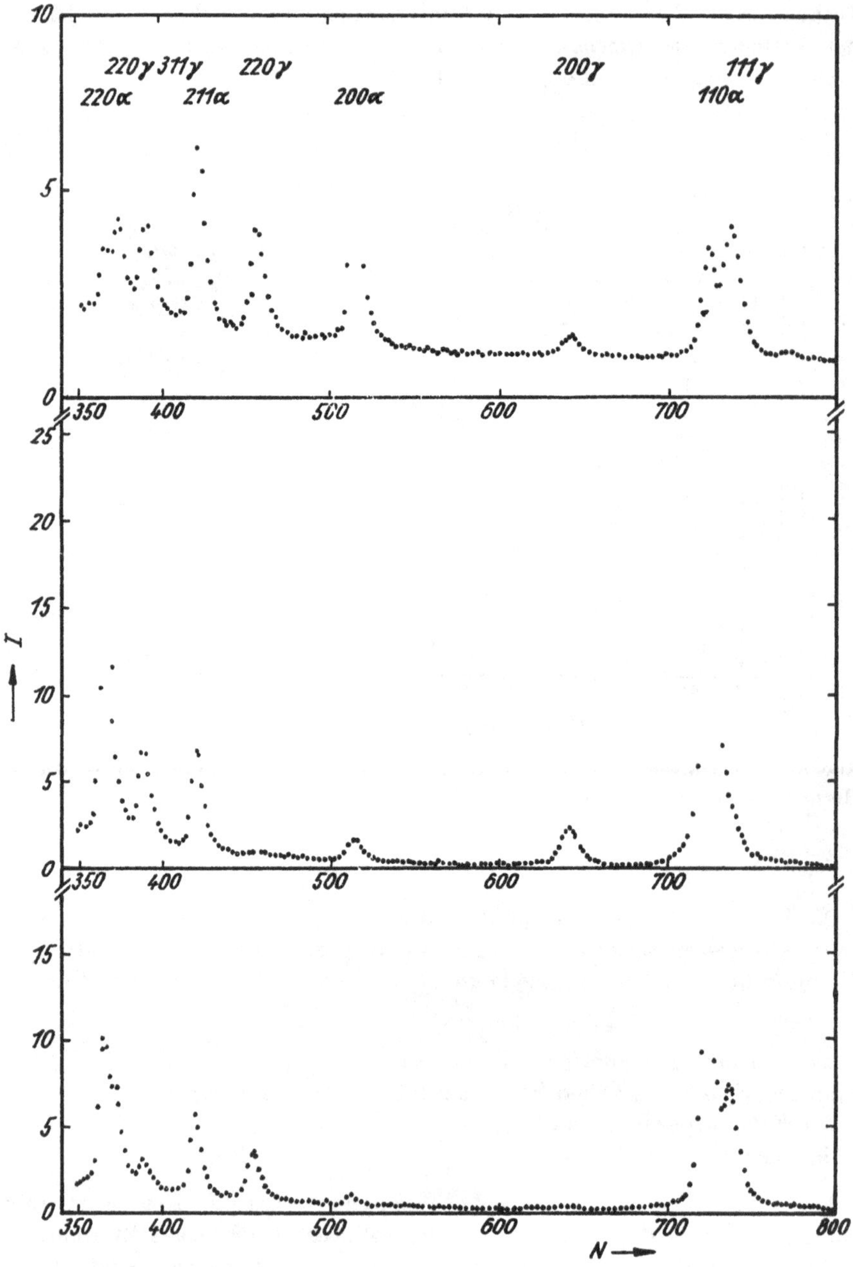

Abb. 9 Flugzeitspektrum einer zweiphasigen Texturprobe für drei Probenstellungen: Streuvektor in *NR* (oben), in *WR* (Mitte) in *QR* (unten)

5. Neutronenradiographische Untersuchungen

In letzter Zeit sind am Rossendorfer Forschungsreaktor Voraussetzungen zum Einsatz der Neitronenradiographie mit thermischen Neutronen zur zerstörungsfreien Werkstoffprüfung geschaffen worden. Es sollen kurz die Grundlagen dieser Methode und ihre Einsatzgebiete vorgestellt werden [10].

Bei Durchstrahlung einer Probe in Form einer planparallelen Platte wird der Neutronenstrahl nach der bekannten Beziehung

$$I = I_0 \exp\left(-\mu/\varrho\right)\varrho x$$

geschwächt. I_0 - Intensität des auftreffenden Strahls, μ/ϱ - linearer Massendämpfungskoeffizient, ϱ - Dichte, $\mu = N(\sigma_a + \sigma_s)$, N - Anzahl der Atome/cm^3, σ_a und σ_s - Absorptions- und Streuquerschnitt.

Für thermische Neutronen zeigt Abb. 10 die Abhängigkeit des linearen Massendämpfungskoeffizienten von der Ordnungszahl. Für Röntgenstrahlen der Energie 125 kV sind Vergleichswerte angegeben. Die wesentlichsten Unterschiede zur Röntgenmethodik bestehen im folgenden:

- Für die Mehrzahl der Elemente ist das Durchdringungsvermögen der Neutronen viel größer.
- Für einige wenige Elemente (H, B, Cd, Gd,...) ist das Neutronendurchdringungsvermögen wesentlich geringer. Das erlaubt eine sehr effektive Kontrastierung.
- Neutronen sind in Gegenwart starker eigener Röntgenstrahlung des Prüflings nachweisbar. Das ist von größter Bedeutung bei der Untersuchung hochradioaktiver Materialien.

Aufgrund dieser Spezifika haben sich international als wichtigste Anwendungsgebiete entwickelt: Pyrotechnik, H-Transport in Metallen, H_2O-Bin-

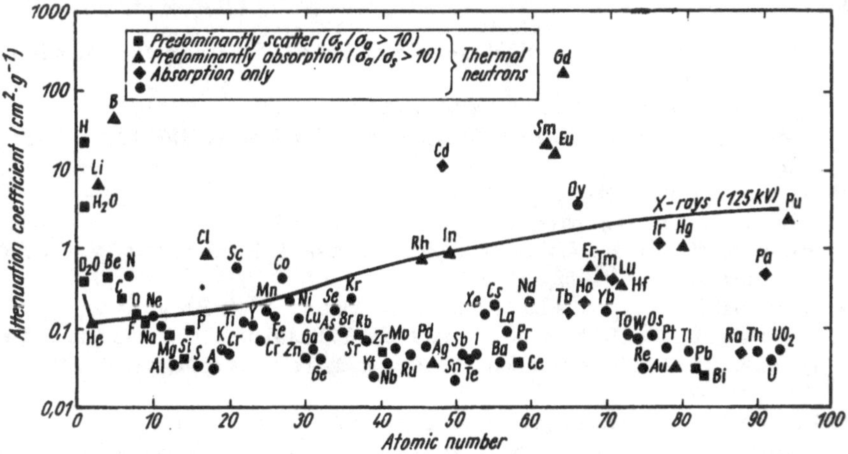

Abb. 10 Linearer Massendämpfungskoeffizient für thermische Neutronen und Röntgenstrahlen in Abhängigkeit von der Ordnungszahl der Atome

dungszustand (z.B. im Zement), Korrosion (Hydroxidbildung an Fe, Al, Brennelementhüllen,...), Schmierungsprobleme, Vergaservereisung, Montagekontrolle (Kunststoffteile in Metallen), Dotierung der Keramik der Feingußtechnik mit Kontrastmitteln zum Nachweis der völligen Beseitigung komplizierter Gußkerne aus dem Fertigprodukt, Plutoniumverteilung in Uranbrennelementen u.a.

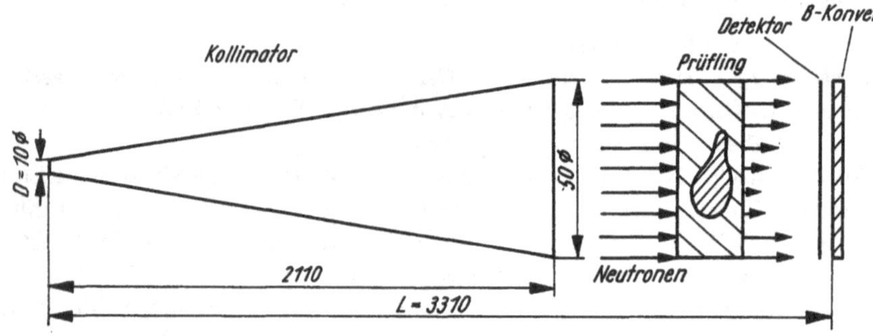

Abb. 11 Meßprinzip der Neutronenradiographie

Den prinzipiellen Aufbau zeigt Abb. 11. Die aus dem Reaktor kommenden thermischen Neutronen durchdringen den Prüfling und erzeugen auf dem Detektor ein zweidimensionales Bild. Die örtliche Auflösung dieser Apparatur beträgt 10–50 μm. Die erforderlichen Bestrahlungszeiten einer Probe liegen im Bereich von 10 min bis 1 h. Zum gegenwärtigen Zeitpunkt werden hauptsächlich Untersuchungen an Brennelementen durchgeführt.

Literatur

[1] Nozik, J. S., R. P. Oserov, K. Hennig: Strukturnaja Nejtronografija, Atomisdat, Moskwa 1979.
[2] Mook, H. A.: J. Appl. Phys. 40, 1450 (1969).
[3] Weiss, L., P. Urwank: Neutron Inelastic Scattering, Vol. II, 197, IAEA, Vienna 1978.
[4] Ishida, S.: J. Phys. Soc. Japan 41, 5, 1570 (1976).
[5] Wieser, E., S. Mager: phys. stat. sol. (a) 40, 497 (1977).
[6] Mager, S., E. Wieser, T. Zemcik, O. Schneeweiss, P. N. Stetsenko, V. V. Surikov: phys. stat. sol. (a) 52, 249 (1979).
[7] Bunge, H.-J.: Mathematische Methoden der Texturanalyse, Berlin 1969.
[8] Schreiter, U., K. Hötzsch, K. Kleinstück, P. Klimanek, A. Mücklich, J. Tobisch, K. Hennig: 5. International Conference on Textures of Metals, Vol. II, 317, Berlin (West) 1978.
[9] Eichhorn, F., A. Andreef, M. Betzl, K. Walther, K. Kleinstück, A. Mücklich, J. Tobisch, K. Feldmann, K. Hennig, D. Schläfer: Communication JINR 18-12217, Dubna 1979.
[10] Atomic Energy Review, Vol. 15, No. 2, IAEA, Vienna 1977.

Helmut Eschrig, Lothar Weiß

Die Anwendung von Neutronen zur Untersuchung von Kristallgitterschwingungen

1. Einleitung

Das physikalische, insbesondere quantitative Verständnis sehr vieler Festkörpereigenschaften erfordert die Kenntnis der quantenmechanischen Anregungszustände des Festkörpers. Diese werden durch die Quasiteilchenspektren und die Wechselwirkung der Quasiteilchen untereinander bestimmt. Diese von L. D. Landau stammende, für die mikroskopische Festkörpertheorie entscheidende Konzeption betrachtet den *Festkörper* bei hinreichend tiefen Temperaturen (was „hinreichend tief" ist, hängt von der jeweiligen Fragestellung ab) *als ein verdünntes Gas von Quasiteilchen,* die sich in einem durch die Symmetrie des Festkörpers bestimmten Bezugssystem bewegen, so wie sich die Teilchen eines echten Gases im durch die Galilei-Gruppe bestimmten Bezugssystem (dem 3-dimensionalen euklidischen Raum) bewegen.

Eines der wichtigsten Quasiteilchen in jedem Festkörper ist das *Phonon,* das Quant der Kristallgitterschwingungen bzw. der kollektiven Atomschwingungen in einem ungeordneten Festkörper. In Metallen ist ebenso wichtig als Quasiteilchen das *Bloch-Elektron* in der Nähe der Fermi-Fläche.

Im folgenden Abschnitt werden die wichtigsten Charakteristika des Phonons kurz erläutert. Warum gerade des Neutron am besten zur Untersuchung der Gitterschwingungen geeignet ist, wird im dritten Abschnitt gezeigt. Nach einer kurzen Darlegung des Streuproblems wird im fünften Abschnitt das Auftreten von kohärenter und inkohärenter Neutronenstreuung erklärt. Danach wird kurz auf die Messung der Phononendispersionskurven sowie der Zustandsdichte mit Neutronen eingegangen. Im abschließenden achten Abschnitt verweilen wir etwas ausführlicher bei der indirekten Messung der Fermi-Fläche über die Migdal-Kohn-Anomalien im Phononenspektrum, da die Autoren sich derzeit gerade mit dieser Problematik befassen.

Die zur Illustration angeführten Beispiele wurden aus Meßergebnissen von Mitarbeitern des ZfK Rossendorf gewählt, um gleichzeitig einen gewissen Einblick in die dort (bzw. in Kooperation) vorhandenen Meßmöglichkeiten und die dort bearbeiteten Probleme zu geben.

2. *Phononen im Kristallgitter*

In Abb. 1 sind die niedrigsten Quantenzustände der Schwingungen zweier wechselwirkender Atome gegeneinander in harmonischer Näherung (Federmodell) dargestellt. Die Energiezustände sind die eines harmonischen Oszillators, dessen Potential

$$v(x) = \frac{M\omega^2}{2} x^2, \quad x = r - r_0 \tag{1}$$

so gewählt wurde, daß es in der Nähe von r^0 mit dem tatsächlichen Wechselwirkungspotential übereinstimmt (M ist die Relativmasse der Atome, ω dieFrequenz des Oszillators). Demgemäß ergeben sich die Energiezustände

$$E_n = E_0 + n\varepsilon, \quad \varepsilon = \hbar\omega, \quad n = 0, 1, 2, \ldots \tag{2}$$

E_0 ist die Energie des Grundzustands. Man sagt, im Zustand mit der Energie E_n sind n Schwingungsquanten der Energie ε angeregt. Eine Messung von ε bedeutet praktisch die Messung des tatsächlichen Potentialverlaufs bei r_0. Für höhere Anregungsenergien stimmt dieses einfache Bild nicht, da dann die Abweichungen des wirklichen Potentialverlaufs von (1), die sog. anharmonischen Korrekturen, wesentlich werden.

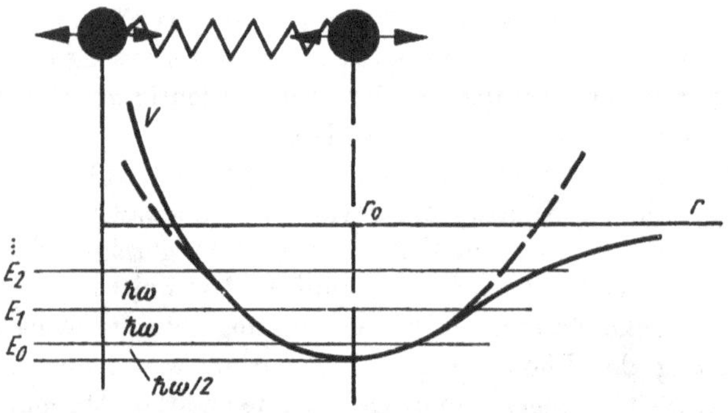

Abb. 1 Schwingung zweier Atome in harmonischer Näherung. V ist das Wechselwirkungspotential, das in der Nähe von r_0 durch ein Oszillatorpotential genähert wird.

Die Anwendung dieses Modells auf einen Kristall führt auf das anschauliche Bild einer regelmäßigen Anordnung von Atomen, die über Federkräfte miteinander in Wechselwirkung stehen (Abb. 2). Wir erhalten ein System gekoppelter harmonischer Oszillatoren, dessen (klassische) Eigenschwingungszustände als laufende Wellen gewählt werden können (Normalschwingungsmoden). Jede Normalschwingungsmode ist durch ihren Wellenvektor $\vec{q}$, der senkrecht auf der Wellenfront steht und dessen Betrag über

$$|\vec{q}| = 2\,\pi/\lambda \tag{3}$$

mit der Wellenlänge λ zusammenhängt, und durch ihren Polarisationsvektor $\vec{e}_\nu$, $\nu = 1, 2, \ldots, 3n$, der die Schwingungsrichtung der Atome angibt, charakterisiert. Enthält die Gittereinheitszelle (EZ) n Atome, so gibt es für jeden Wellenvektor $\vec{q}$ im Kristall $3n$ verschieden polarisierte Moden. Die Ausbreitungsgeschwindigkeit eines Wellenpakets (für $\vec{q} \to 0$ Schallgeschwindigkeit) ist

$$\vec{s} = \partial_{\vec{q}\nu}\omega/\partial\vec{q}\,, \tag{4}$$

wenn $\omega_{\vec{q}\nu}$ die Frequenz der Mode $(\vec{q}, \nu)$ ist.

Da die Normalschwingungsmoden voneinander entkoppelt sind, wird jede für sich wie ein harmonischer Oszillator quantisiert. Für die niederenergetischen Anregungszustände des Kristalls ergeben sich dann die Energieniveaus

$$E = E_0 + \sum_{\vec{q}\nu} n_{\vec{q}\nu}\,\varepsilon_{\vec{q}\nu}, \quad \varepsilon_{\vec{q}\nu} = \hbar\omega_{\vec{q}\nu}, \tag{5}$$
$$n_{\vec{q}\nu} = 0, 1, 2, \ldots,$$

wobei $n_{\vec{q}\nu}$ in der oben eingeführten Sprechweise die Zahl der in der Mode $(\vec{q}, \nu)$ angeregten Schwingungsquanten (Phononen) und $\varepsilon_{\vec{q}\nu}$ ihre Energie ist. Der Übergang von einem Zustand (5) in einen anderen solchen Zustand kann dann als Prozeß mit Erzeugung (Emission) oder Vernichtung (Absorption) von Phononen gedeutet werden.

Die in Abb. 2 dargestellte Amplitude der Welle hat nur an den diskreten Gitterpunkten eine physikalische Bedeutung als Auslenkung des dort befind-

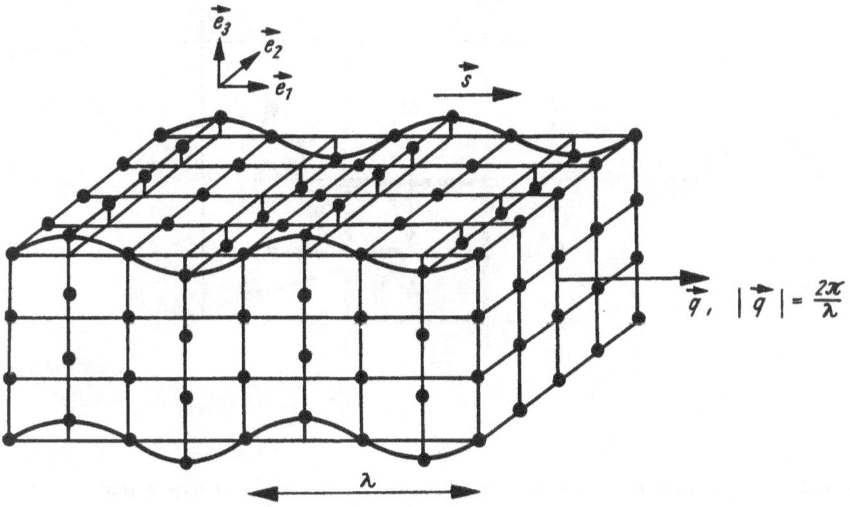

Abb. 2 Kristallgitterschwingungsmode. Erklärung im Text

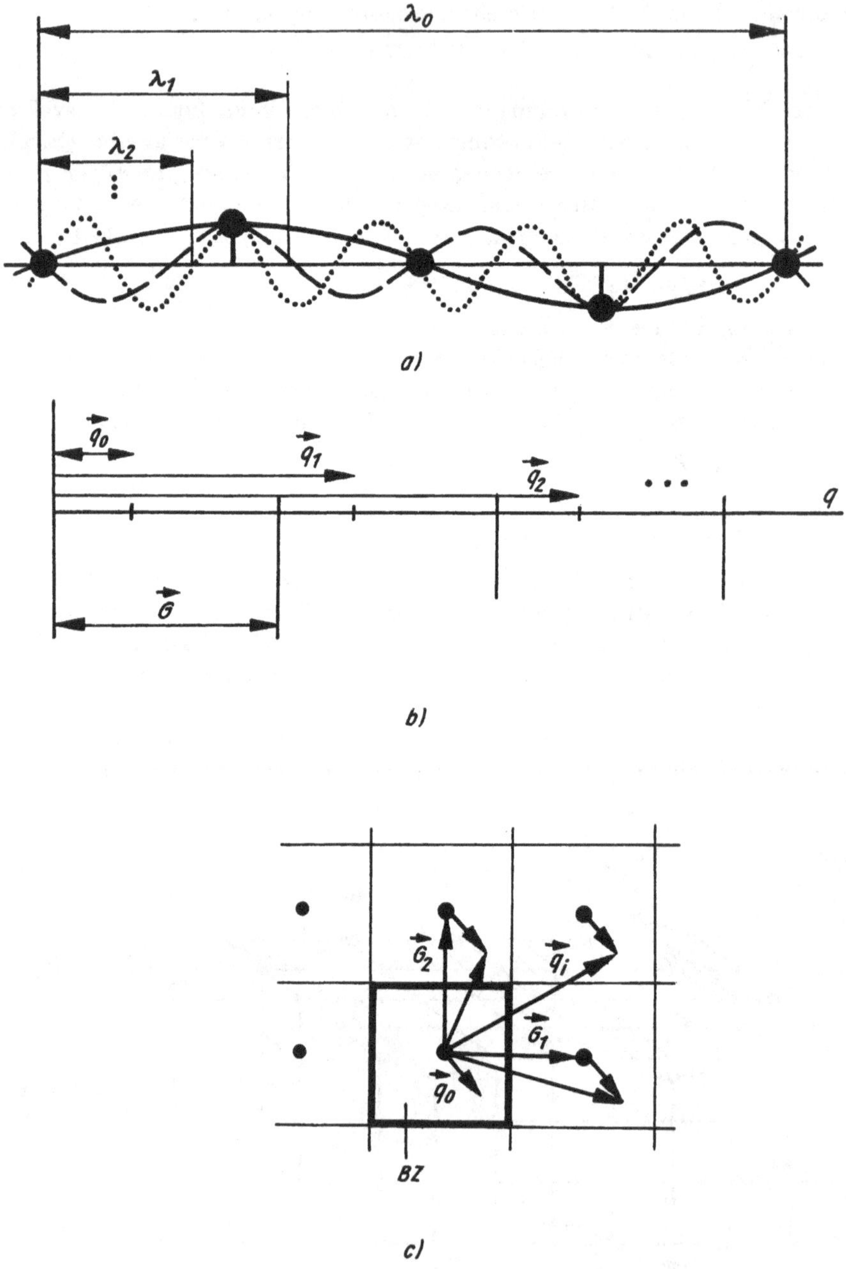

Abb. 3 a) Verschiedene Wellenlängen λ_i liefern die gleiche Auslenkung der Atome; b) die zugehörigen Wellenvektoren; c) reziprokes Gitter und Brillouin Zone

lichen Atoms aus seiner Ruhelage. Das hat zur Folge, daß die Wellenlänge und damit auch der Wellenvektor nicht eindeutig bestimmt sind. Wie in Abb. 3a dargestellt, liefern verschiedene Wellenlängen λ_i die gleiche Auslenkung an diskreten Gitterplätzen. Die zugehörigen Wellenvektoren $\vec{q}_i$ unterscheiden sich voneinander um einen konstanten Vektor, den sogenannten reziproken Gittervektor $\vec{G}$ (Abb. 3b). Alle möglichen reziproken Gittervektoren bilden ein zum Kristallgitter kontragredientes Gitter im Raum der Wellenvektoren, dessen Elementarzellen nach dem oben Gesagten alle physikalisch vollkommen äquivalent sind:

$$\vec{q}_i \to \vec{q}_0 + \vec{G}_i \triangleq \vec{q}_0 \quad \text{für alle } \vec{G}_i. \tag{6}$$

Daher können alle Betrachtungen auf Werte $\vec{q}$ innerhalb einer Elementarzelle des reziproken Gitters beschränkt werden. Man wählt hierfür die symmetrisch begrenzte sog. 1. BRILLOUINsche Zone (BZ)

$$\vec{G}_i \cdot \vec{q} \leqq G_i^2/2 \quad \text{für alle } \vec{G}_i. \tag{7}$$

Die nur bis auf additive Konstanten $\hbar\vec{G}_i$ bestimmte Größe $\hbar\vec{q}$ heißt Quasiimpuls in Analogie zum Impuls $\hbar\vec{k}$ eines isolierten Teilchens mit dem (eindeutigen) de-Broglie-Wellenvektor $\vec{k}$.

Die Energie der Phononen $\varepsilon_{\vec{q}\nu}$ ist damit wie jede physikalisch meßbare Größe eine periodische Funktion von $\vec{q}$, ihre Werte in der BZ sind in Abb. 4a für ein Beispiel (2 Atome pro EZ) in Form der *Phononendispersionskurven* dargestellt. Drei der Dispersionskurven münden in den Koordinatenursprung; die entsprechenden Moden gehen für $\vec{q} \to 0$ in die drei unterschiedlich polarisierten Schallwellen mit den Schallgeschwindigkeiten $s_\nu = \lim \omega_{\vec{q}\nu}/q$ über. Diese Dispersionskurven heißen daher akustische Zweige des Anregungsspektrums. Die übrigen heißen optische Zweige, da sie sich häufig mit Licht anregen lassen. Die Zahl der Moden pro Energieintervall $d\hbar\omega$ bei der Energie $\hbar\omega$ wird durch die *Phononenzustandsdichte*

$$g_{ph}(\omega) \sim \sum_\nu \int_{BZ} d^3q \; \delta(\omega_{\vec{q}\nu} - \omega) \tag{8}$$

angegeben (Abb. 4b). Ihre Kenntnis genügt zur Berechnung vieler, insbesondere thermodynamische Kenngrößen des Festkörpers.

Im Falle eines ungeordneten Festkörpers geht das hier entworfene einfache Bild verloren: Die Normalschwingungen von unregelmäßig angeordneten gekoppelten harmonischen Oszillatoren sind keine ebenen Wellen mehr. Für hinreichend große Wellenlängen (mehrere Atomabstände), d.h. hinreichend kleine $\vec{q}$-Vektoren, spielt aber die genaue Anordnung der einzelnen Atome überhaupt keine Rolle mehr, und die Phononen sind gute Näherungen für Normalschwingungsmoden, d.h., sie sind nur schwach gedämpft. Für Wellenlängen in der

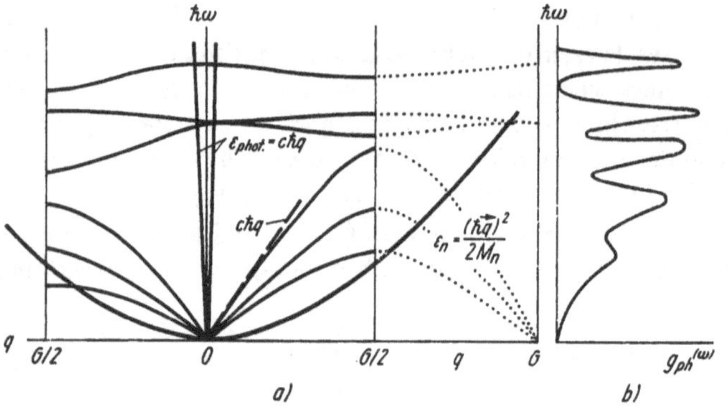

Abb. 4 a) Phononendispersionskurven für einen Kristsll mit zwei Atomen pro EZ (6 Zweige) in zwei verschiedenen Richtungen von $\vec{q}$. Über G/2 hinaus sind die Kurven periodisch fortgesetzt zu denken. Es sind außerdem die Dispersionskurven von Licht ($\varepsilon_{\text{phot}}$) und von Neutronen ($\varepsilon_n$) angegeben.
b) zu a) gehörige Phononenzustandsdichte

Größenordnung der Atomabstände nimmt jedoch ihre Dämpfung erheblich zu, und sie verlieren ihren Sinn als Elementaranregungen.

Die Messung der Phononendispersionskurven $\varepsilon_{\vec{q}\nu}$ – evtl. noch unter Einbeziehung der Messung der Polarisation der Moden – liefert wieder im Prinzip die vollständige Information über die effektiven Wechselwirkungskräfte der Gitteratome untereinander für Abstände in der Nähe der Gleichgewichtsabstände. Da aber die Phononen als Elementaranregungszustände im Festkörper alle seine Eigenschaften beeinflussen, hat die Bestimmung der Phononenspektren eine selbständige prinzipielle Bedeutung.

3. *Warum Neutronen*

In der Abb. 4a sind neben den Phononendispersionskurven noch diejenigen der Neutronen und des Lichts eingetragen. Schon an diesem Bild erkennt man, daß mit Licht in erster Näherung nur die Phononenenergien bei $\vec{q} = 0$ gemessen werden können, während die Energie-Impuls-Beziehung des Neutrons das ganze Dispersionsgebiet der Phononen im $\vec{q}$-ω-Raum überstreicht.

Noch etwas detaillierter ist dieser Sachverhalt in Abb. 5 dargestellt. Während man mit elektromagnetischer Strahlung immer entweder im für die Phononen ungünstigen Impulsbereich oder im ungünstigen Energiebereich arbeitet, stellen thermische Neutronen diesbezüglich die idealen Sondenteilchem zur Untersuchung der Phononen dar.

Als Nachteil der thermischen Neutronen muß ihre relativ geringe Streuamplitude für die Streuung am Gitteratom genannt werden, die zur Folge hat, daß relativ massive Proben (im allgemeinen im Gramm-Bereich) notwendig sind, was für die Einkristallherstellung vieler Substanzen problematisch ist. Darüber hinaus ist eine befriedigende Impuls- und Energieauflösung bei Neutronen i.a. mit größeren technischen Problemen verbunden als beim Licht. Dennoch hat sich wegen der obengenannten Vorzüge die Neutronenstreuung als die Standardmethode zur Untersuchung der Phononenspektren durchgesetzt.

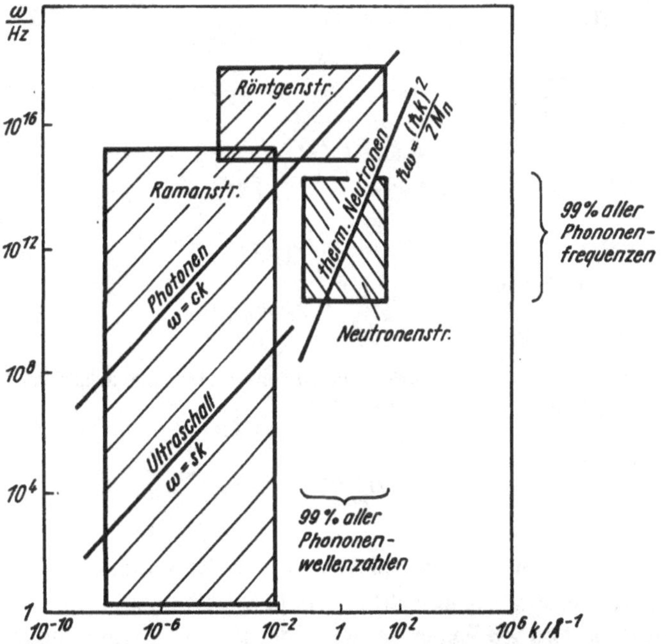

Abb. 5 Die Dispersionsgebiete, die mit Licht, Röntgenstrahlen und thermischen Neutronen untersucht werden können (nach Dolling) [1])

4. Gestreute Welle als Meßsonde

Das prinzipielle Schema der direkten Messung des Anregungsspektrums eines Festkörpers im Streuexperiment ist in Abb. 6 dargestellt. Ein monochromatischer Strom von Sondenteilchen mit der Teilchenenergie ε_i und dem Teilchenimpuls $\hbar\vec{k}_i$ trifft auf eine Festkörperprobe, die sich im Quantenzustand $|i>$ mit der Energie E_i befindet. Im Ergebnis der Wechselwirkung geht die Probe in den Quantenzustand $|f>$ mit der Energie E_f über, und das Sondenteilchen verläßt die Probe mit der Energie ε_f und dem Impuls $\hbar\vec{k}_f$. Natürlich gilt für den gesamten Streuprozeß der Energiesatz.

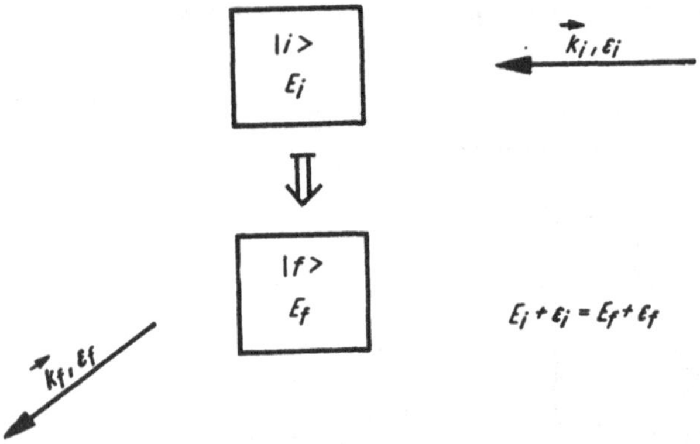

Abb. 6 Schema des Streuexperiments

Der Wirkungsquerschnitt dieses quantenmechanischen Streuprozesses ist in Bornscher Näherung durch

$$\frac{d\sigma_{f\to i}}{d\Omega} = \left(\frac{M_n}{2\pi\hbar^2}\right)^2 \frac{k_f}{k_i} \,|< f \,|< \vec{k}_f|\, \hat{H}_{\text{int}}\, |k_i> |\, i >|^2 \tag{9}$$

gegeben, wobei M_n die Masse des Sondenteilchens und Ω der Raumwinkel ist, $\hat{H}_{\text{int}}$ ist der Hamiltonian für die Wechselwirkung zwischen Sondenteilchen und Probe. Nun ist aber im konkreten Experiment nur der thermodynamische Zustand der Probe vor der Streuung bekannt, und man mißt auch nur den Endzustand des Sondenteilchens. Der gemessene Wirkungsquerschnitt ergibt sich deshalb aus (9) durch Mittelung über ein thermodynamisches Ensemble von Anfangszuständen und durch Summation über alle Endzustände der Probe. Für den doppelt differentiellen Querschnitt ergibt sich damit

$$\frac{d^2\sigma}{d\Omega d\varepsilon} = \sum_i e^{(F-E_i)/kT} \sum_f \frac{d\sigma_{f\leftarrow i}}{d\Omega}\, \delta(E_f + \varepsilon_f - E_i - \varepsilon_i), \tag{10}$$

wobei T die Temperatur und F die Freie Energie der Probe ist.

Wir beschreiben nun die Zustände des Sondenteilchens durch ebene Wellen und die der Probe durch die in (5) eingeführten Phononenzahlen $n_{\vec{q}\nu}$:

$$\begin{aligned} \langle \vec{r} \,|\, \vec{k}_i \rangle \,|\, i \rangle &= e^{i\vec{k}_i \cdot \vec{r}} \;|\cdots n_{\vec{q}\nu} \cdots \rangle . \\ \langle f \,|\, \langle \vec{k}_f \,|\, \vec{r} \rangle &= \langle \cdots n'_{\vec{q}\nu} \cdots |\, e^{-i\vec{k}_f \cdot \vec{r}} , \end{aligned} \tag{11}$$

wobei $\vec{r}$ die Ortskoordinate des Sondenteilchens ist. Der Einfachheit halber betrachten wir nur die Kernkraftwechselwirkung der Neutronen mit den Atomkernen in der Probe, deren Reichweite vernachlässigbar klein ist und für die die Streuamplitude a im Bereich thermischer Energien von der Energie nicht abhängt. Dann ist

$$\hat{H}_{\text{int}} = -\frac{2\pi\hbar^2}{M_n} \sum_l a_l \delta(\vec{r} - \vec{r}_l) . \tag{12}$$

Die Summe läuft über alle Atomkerne in der Probe. Diese befinden sich an Orten

$$\vec{r}_l = \vec{R}_l + \vec{u}_l , \tag{13}$$

wobei $\vec{R}_l$ die Gleichgewichtslage und $\vec{u}_l$ die Auslenkung aus dieser ist. Setzen wir (11)–(13) in (9) ein, führen die $\vec{r}$-Integration aus und entwickeln die Exponentialfunktion nach Potenzen von $\vec{u}_l$, so erhalten wir unter dem Absolutquadrat

$$\begin{aligned} &\sum_l a_l \langle \cdots n'_{\vec{q}\nu} \cdots |\, e^{-i(\vec{k}_f - \vec{k}_i) \cdot \vec{R}_l} \\ &\left[1 - i(\vec{k}_f - \vec{k}_i) \cdot \vec{u}_l - \frac{[(\vec{k}_f - \vec{k}_i) \cdot \vec{u}_l]^2}{2!} + \cdots \right]^* |\cdots n_{\vec{q}\nu} \cdots \rangle \equiv A . \end{aligned} \tag{14}$$

Die Auslenkungsvektoren $\vec{u}_l$ können durch die Normalkoordinaten $Q_{\vec{q}\nu}$ der Normalschwingungsmethoden ausgedrückt werden:

$$\vec{u}_l = \frac{1}{\sqrt{2MN}} \sum_{\vec{q}\nu} \left(\vec{e}_{\vec{q}\nu} Q_{\vec{q}\nu} e^{i\vec{q} \cdot \vec{R}_l} + \vec{e}^{\,*}_{\vec{q}\nu} Q^+_{\vec{q}\nu} e^{-i\vec{q} \cdot \vec{R}_l} \right). \tag{15}$$

Hierbei sind die $\vec{e}_{\vec{q}\nu}$ normierte Polarisationsvektoren und M die Masse des Atoms. N ist die Zahl der EZ im Kristall. Die Quantisierung der Normalschwingungen besteht in der Ersetzung der $Q_{\vec{q}\nu}$ durch Operatoren mit den Matrixelementen

$$\begin{aligned} \langle \cdots n'_{\vec{q}\nu} \cdots |\, Q_{\vec{q}\nu} \,| \cdots n_{\vec{q}\nu} \cdots \rangle &= \sqrt{n_{\vec{q}\nu}}\; \delta_{n'_{\vec{q}\nu}, n_{\vec{q}\nu} - 1} , \\ \langle \cdots n'_{\vec{q}\nu} \cdots |\, Q^+_{\vec{q}\nu} \,| \cdots n_{\vec{q}\nu} \cdots \rangle &= \sqrt{n_{\vec{q}\nu} + 1}\; \delta_{n'_{\vec{q}\nu}, n_{\vec{q}\nu} + 1} . \end{aligned} \tag{16}$$

($Q^+_{\vec{q}\nu}$ ist der zu $Q_{\vec{q}\nu}$ hermitisch konjugierte Operator.)

Für den Rest dieses Abschnitts wollen wir nun der Einfachheit halber annehmen, die Streuamplituden seien für alle Atome gleich, $a_l = a$.

Betrachten wir zunächst (14) für $n'_{\vec{q}\nu} = n_{\vec{q}\nu}$, d. h. für den Fall der *elastischen Streuung*, bei der sich der Zustand der Probe nicht ändert. Wegen (15) und (16) liefern die in $\vec{u}_l$ linearen Glieder und damit alle Glieder ungerader Ordnung von (14) hierzu keinen Beitrag. In den Gliedern gerader Ordnung entsteht ein Beitrag von den Potenzen von $Q^{+}_{\vec{q}\nu} Q_{\vec{q}\nu}$. Summieren wir ihn auf, so erhalten wir

$$A = a \sum_{l} e^{-(\vec{k}_f - \vec{k}_i)\cdot \vec{R}_l} \, e^{-W} = aN \sum_{\vec{G}} \delta(\vec{k}_f - \vec{k}_i + \vec{G}) \, e^{-W},$$

$$W = \frac{1}{2} \langle [(\vec{k}_f - \vec{k}_i) \cdot \vec{u}\,]^2 \rangle. \qquad (17)$$

Die Gittersumme kann durch eine Summe über reziproke Gittervektoren $\vec{G}$ ersetzt werden. W ist der sogenannte Debye-Waller-Faktor. Die δ-Funktion enthält die Bragg-Bedingung. Die Intensitätsverteilung der gestreuten Sondenteilchen ist in Abb. 7 schematisch dargestellt. Wir erhalten eine Folge von

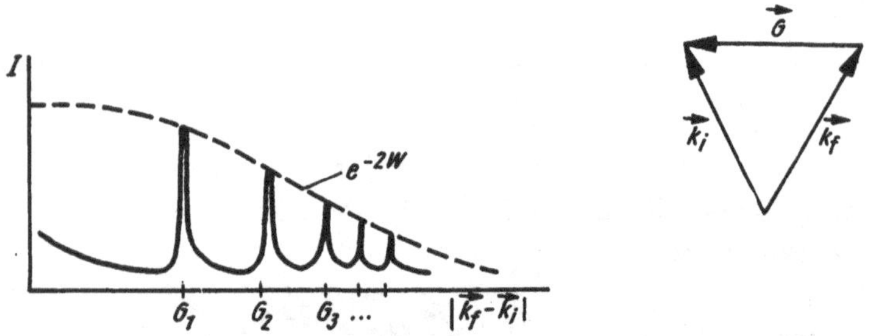

Abb. 7 Intensitätsverteilung der elastisch am Kristall gestreuten Neutronen

Bragg-Peaks, die der $\vec{G}$-Summe in (17) entspricht und aus der die Gitterstruktur des Kristalls bestimmt werden kann. Die Messung der relativen integralen Peakintensitäten gestattet die Bestimmung von W, worin eine integrale Information über das Phononenspektrum enthalten ist.

Wichtiger für uns sind jedoch die in der nächsten Ordnung auftretenden *Ein-Phonon-Prozesse* mit $n'_{\vec{q}\nu} = n_{\vec{q}\nu} \pm 1$. Hierzu liefern nach (15) und (16) alle ungeraden Potenzen von $\vec{u}_l$ in (14) einen Beitrag, und die Aufsummation ergibt

$$A = -ia \sqrt{\frac{n_{\vec{q}\nu} + \frac{1}{2} \pm \frac{1}{2}}{2MN}} (\vec{k}_f - \vec{k}_i)$$

$$\times \vec{e}_{\vec{q}\nu} \sum_l e^{-i(\vec{k}_f - \vec{k}_i \pm \vec{q}) \cdot \vec{R}_l} e^{-W} \tag{18}$$

$$\sim a\sqrt{N} \sum_{\vec{G}} \delta(\vec{k}_f - \vec{k}_i \pm \vec{q} + \vec{G}) e^{-W}.$$

Bei der Streuung des Sondenteilchens an der Probe wird in dieser ein Phonon erzeugt bzw. absorbiert, was durch die Diagramme

(19)

dargestellt werden kann. Die δ-Funktion bringt die Erhaltung des Quasiimpulses zum Ausdruck. Durch die Messung von $\vec{k}_i$ und $\vec{k}_f$ (und damit auch ε_i und ε_f) werden hierbei Quasiimpuls $\hbar\vec{q}$ und Energie $\hbar\omega_{\vec{q}\nu}$ des emittierten bzw. absorbierten Phonons direkt gemessen.

5. *Kohärente und inkohärente Streuung*

In (17) und (18) wurde die vereinfachende Annahme gemacht, daß alle a_l gleich sind. Das ist aber aus zwei Gründen fast nie der Fall. Erstens hängt die Kernkraftwechselwirkung stark vom Gesamtspin des Systems Kern + Neutron ab. Da die meisten Kerne einen von Null verschiedenen Spin I haben und das Neutron den Spin 1/2, ergeben sich verschiedene Werte der Streuamplitude a_l, je nachdem, ob der Gesamtspin $I + 1/2$ oder $I - 1/2$ ist. Im Festkörper sind die Kernspins (außer evtl. in ganz speziellen Systemen im μK-Temperaturbereich) statistisch orientiert, so daß sich eine Fluktuation der a_l ergibt. Der zweite Grund besteht darin, daß die meisten Elemente als Isotopengemisch vorliegen und die Kernkraftwechselwirkung mit dem Neutron natürlich auch von Isotop zu Isotop verschieden ist. Beides führt dazu, daß ein Neutron auch einen chemisch reinen Idealkristall als eine Substitutionslegierung „sieht“

und daher die von den einzelnen Gitterpunkten auslaufenden gestreuten Neutronenwellen nicht kohärent, d.h. in ihrer Phase nicht aufeinander abgestimmt sind. Man spricht in diesem Zusammenhang von Spininkohärenz und von Isotopeninkohärenz.

Nach (9)–(14) ist der Streuquerschnitt das Absolutquadrat einer Gittersumme (Summe über l in (14)). Da die Anordnung der Isotope und Kernspins in der Probe statistisch ist, muß in (10) neben der thermodynamischen Mittelung noch eine Konfigurationsmittelung über alle möglichen Isotopen- und Spinanordnungen im Anfangszustand $|i\rangle$ der Probe durchgeführt werden. Schreiben wir die Streuamplitude als

$$a_l = \langle a_l \rangle + (a_l - \langle a_l \rangle), \tag{20}$$

wobei die Ecken die Konfigurationsmittelung bedeuten, $\langle a_l \rangle$ also die über die Probe gemittelte Amplitude ist, so haben wir

$$\begin{aligned} \left\langle \frac{d\sigma_{f \leftarrow i}}{d\Omega} \right\rangle &\sim \sum_{ll'} \langle a_l a_{l'} \rangle \cdots \\ &= \sum_{ll'} \langle a_l \rangle \langle a_{l'} \rangle \cdots + \sum_{l} (\langle a_l^2 \rangle - \langle a_l \rangle^2 \cdots \end{aligned} \tag{21}$$

Die a_l und $a_{l'}$ an verschiedenen Orten $l \neq l'$ sind natürlich unkorreliert, so daß für diese $\langle a_l a_{l'} \rangle = \langle a_l \rangle \langle a_{l'} \rangle$ ist. Für $l = l'$ trifft diese letzte Beziehung jedoch nicht zu, was in (21) durch die letzte l-Summe wieder korrigiert wird.

Gemäß (21) zerfällt der Streuquerschnitt in zwei Teile. Im ersten ist $\langle a_l \rangle = \langle a_{l'} \rangle = a_{\text{koh}}$ eine Konstante, die kohärente Streuamplitude, die aus der Summe über l und l' herausgezogen werden kann, wonach wieder die im vorigen Abschnitt betrachteten Formeln (17) und (18) entstehen. Hierdurch wird der *kohärente Anteil der Streuung* beschrieben, für den neben der Energieerhaltung auch noch der gesamte Quasiimpuls erhalten bleibt und der, wie am Ende des letzten Abschnitts beschrieben, zur Messung der Phononendispersionskurven benutzt werden kann.

Der zweite Teil von (21) ist proportional der mittleren quadratischen Fluktuation der Streuamplituden a_l · Da hier $l = l'$ ist, kürzt sich in den Summanden der Phasenfaktor von (14) heraus, und es entsteht keine δ-Funktion für die Quasiimpulserhaltung in Übereinstimmung damit, daß dieser Teil den *inkohärenten Anteil der Streuung* beschreibt. Für ihn ist

$$\left(\frac{d^2\sigma}{d\Omega d\varepsilon} \right)_{\text{ink}} \sim \sum_{\vec{q}\nu} \delta(\varepsilon_f - \varepsilon_i \pm \hbar\omega_{\vec{q}\nu}) \sim g_{ph}(|\varepsilon_f - \varepsilon_i|), \tag{22}$$

so daß er zur Messung der Phononenzustandsdichte geeignet ist.

Das letztere trifft jedoch nur zu, wenn der kohärente Anteil der Streuung verschwindet oder unterdrückt werden kann, denn die kohärenten Peaks sind praktisch immer über dem inkohärenten Untergrund deutlich vorhanden, so daß man ihre Lage auch bei vorhandener inkohärenter Streuung bestimmen kann, das Umgekehrte gilt aber nicht. Man kann den inkohärenten Untergrund nicht eindeutig von den kohärenten Peaks separieren und daraus die Zustandsdichte bestimmen. Die Situation ist in Abb. 8 schematisch dargestellt. Um die kohärente Streuung zu unterdrücken, kann man z.B. ein Isotopengemisch so wählen, daß $\langle a_l \rangle = 0$ gilt, falls Isotope mit verschiedenem Vorzeichen von a_l existieren. Im übernächsten Abschnitt wird auf eine andere Möglichkeit der Bestimmung der Phononenzustandsdichte eingegangen.

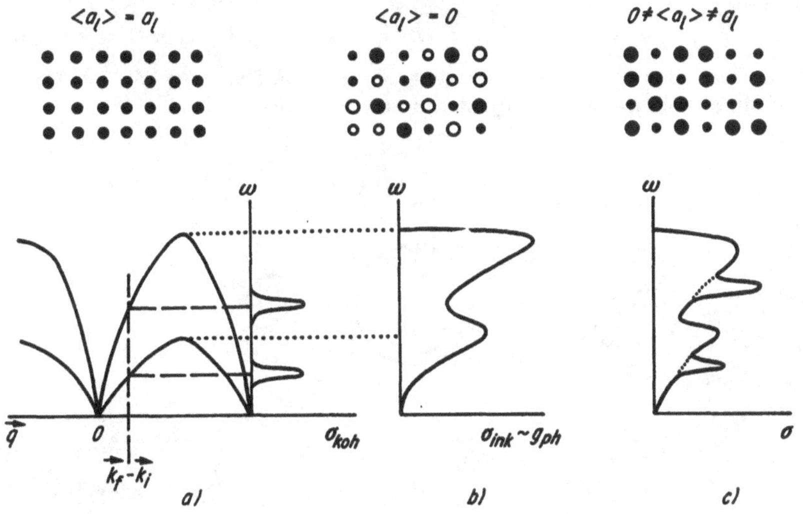

Abb. 8 a) rein kohärente Streuung; b) rein inkohärente Streuung; c) allgemeiner Fall. Im oberen Teil der Abb. ist angegeben, wie ein Neutron den Kristall „sieht". Die Größe der Punkte soll die Größe der Streuamplitude a_l angeben, Kreise sollen negative a_l darstellen

6. *Messung der Dispersionskurven*

Zur Messung der Phononendispersionskurven sind verschiedene Varianten zweier prinzipieller in Abb. 9 und 10 schematisch dargestellter Spektrometeranordnungen in Gebrauch. Die Neutronenimpulse $\hbar\vec{k}_i$ und $\hbar\vec{k}_f$ werden entweder im Dreiachsspektrometer mit Hilfe der Bragg-Streuung an Monochromator- bzw. Analysatorkristallen bestimmt oder im Flugzeitspektrometer durch elektronische Messung der Flugzeiten durch bestimmte Flugstrecken vor und nach der Streuung.

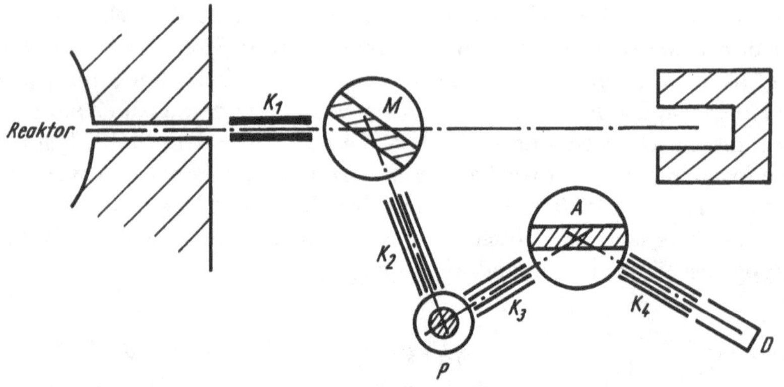

Abb. 9 Schema eines Dreiachsspektrometers. K_1–K_4 – Kollimatoren, M – Monochromatorkristall, P – Probe, A – Analysatorkristall, D – Detektor

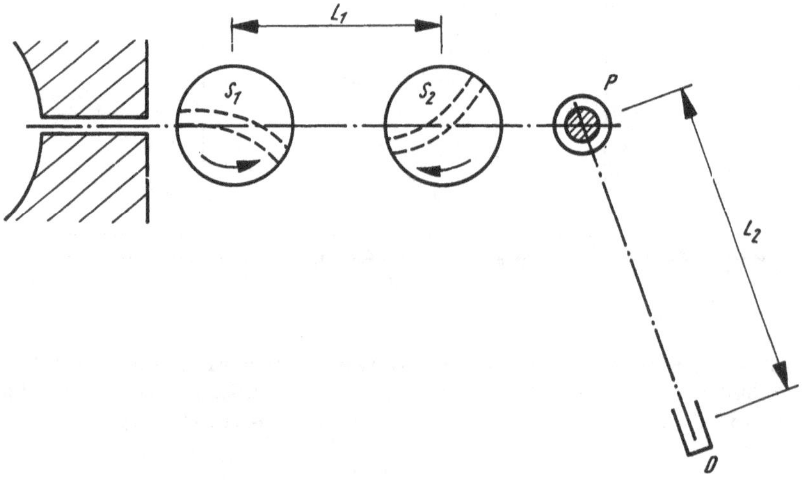

Abb. 10 Schema eines Flugzeitspektrometers.
S_1 und S_2 – rotierende Scheiben mit Bohrung zur Neutronenstrahlunterbrechung, L_1 und L_2 Flugstrecken zur Geschwindigkeitsmessung der Neutronen

In Abb. 11–13 sind die Ergebnisse der Messung einiger Zweige der Phononenspektren in komplizierteren Kristallstrukturen dargestellt. $MgZn_2$ mit 12 Atomen in der EZ und daher 36 Phononenzweigen war Modellsubstanz umfassender festkörperphysikalischer Untersuchungen in Dresdner Instituten. Cr_3Si gehört zu den A-15 Verbindungen, von denen viele Hochtemperatursupraleitung in Verbindung mit einem Tieftemperatur-Gitterphasenübergang

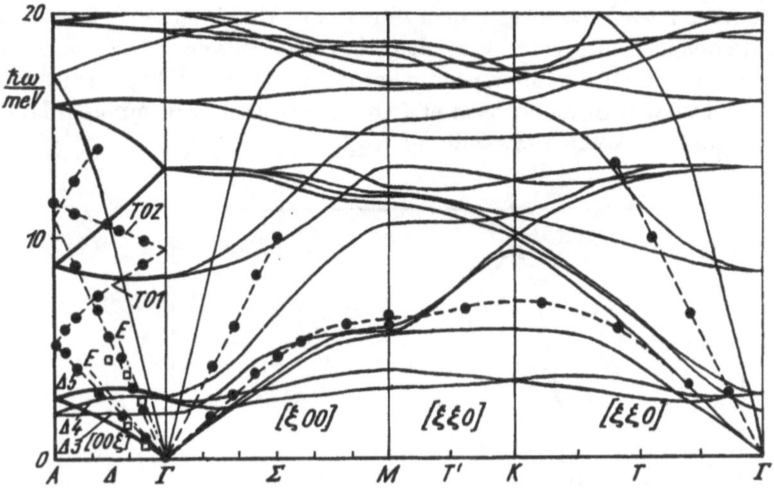

Abb. 11 Gemessene Phononendispersionskurven im $MgZn_2$ (Punkte). Die Kurven sind theoretische in einer Pseudopotentialrechnung bestimmte Dispersionskurven. Das Bild zeigt einen Ausschnitt des 36 Zweige enthaltenden Phononenspektrums (nach [2])

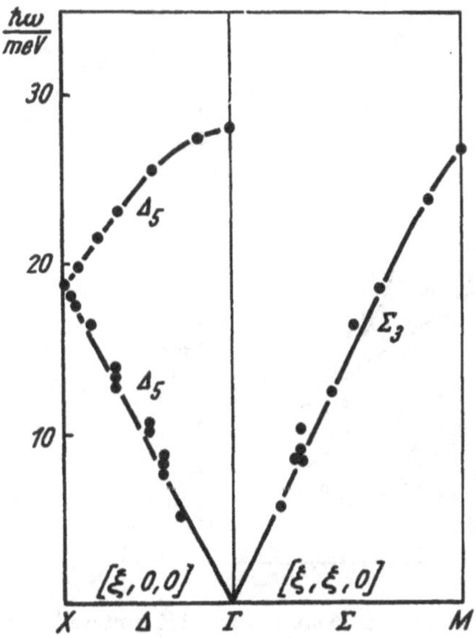

Abb. 12 Gemessene Phononenzweige in Cr_3Si (unveröffentlicht). Die Messungen wurden teilweise im ZfK Rossendorf und teilweise im IAE Moskau durchgeführt

zeigen. Letzterer wird in vielen Fällen durch ein „Weichwerden" des akustischen Σ_3-Phononenzweigs eingeleitet, d. h. ein Absinken seiner Frequenzen bei Annäherung an die Umwandlungstemperatur von oben. In Cr_3Si wurde ein solches Weichwerden nicht beobachtet (Abb. 13) in Übereinstimmung damit, daß diese Substanz keine Umwandlung zeigt.

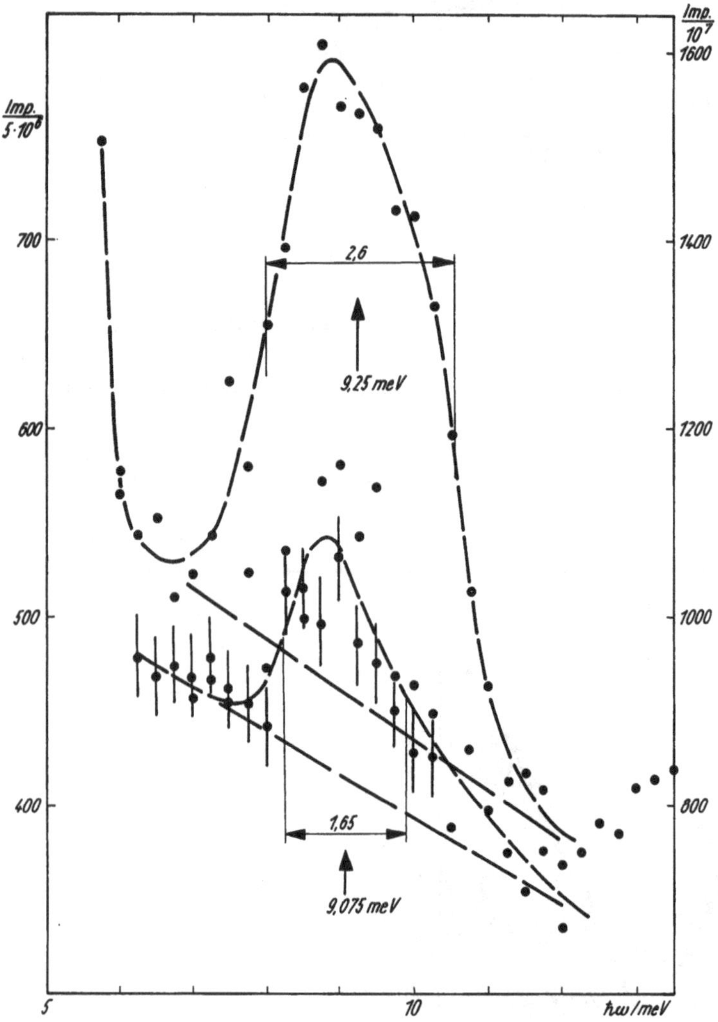

Abb. 13 Ein Phononenpeak des Σ_3-Zweiges von Cr_3Si (s. Abb. 12) bei 80 K (untere Kurve, linke Skala) und bei 300 K (obere Kurve, rechte Skala). Es sind die Peakbreiten und -lagen angegeben. Im Rahmen der Meßgenauigkeit ist praktisch keine Temperaturabhängigkeit zu sehen

7. *Messung der Zustandsdichte*

In Abschnitt 5 wurde bereits auf die Möglichkeit der Messung der Phononenzustandsdichte mit Hilfe der rein inkohärenten Streuung hingewiesen. Iso-

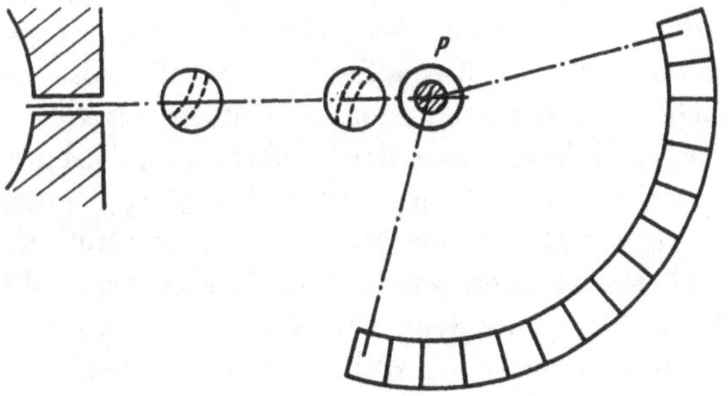

Abb. 14 Meßanordnung zur Messung der Phononenzustandsdichte nach [37]. Es werden die Beiträge über viele Streuwinkel addiert

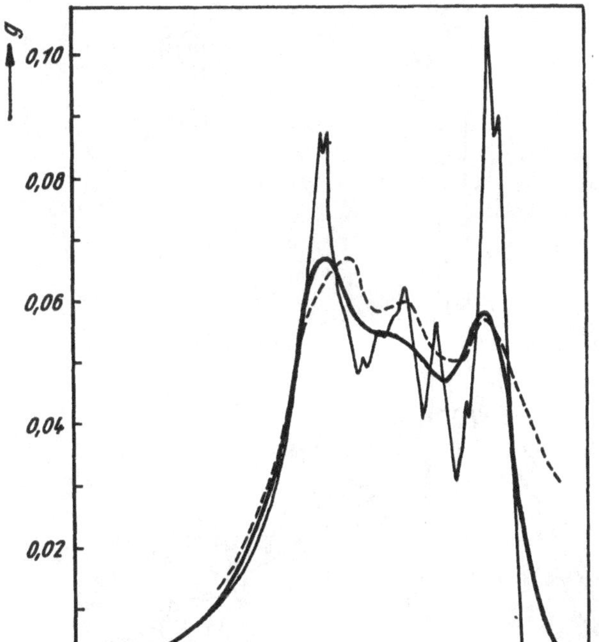

Abb. 15 Berechnete (dünne Kurve) und gemessene (dicke Kurve) Phononenzustandsdichte von Mg. Die gestrichelte Linie ist das Ergebnis einer Faltung der berechneten Zustandsdichte mit der Spektrometerfunktion (nach [4])

topengemische mit $\langle a_l \rangle = 0$ wurden für V und Ni verwendet, aber nur für wenige Elemente besteht diese Möglichkeit.

Die in Abschnitt 5 eingeführten Bezeichnungen kohärenter und inkohärenter Anteil haben einen bedingten Charakter. Sie beziehen sich nur auf den Streuakt an der Probe selbst. Daneben muß natürlich noch die übliche optische Kohärenzbedingung erfüllt sein, damit der Impuls des emittierten bzw. absorbierten Phonons gemessen werden kann: Es müssen die Neutronenimpulse vor und nach der Streuung hinreichend scharf bestimmt sein. Wenn man diese letztere Bedingung bewußt verletzt, kann man das Auftreten kohärenter Peaks im Streuquerschnitt unterdrücken und auch im Falle $\langle a_l \rangle \neq 0$ unter Umständen die Zustandsdichte messen. Das ist der Grundgedanke der Methode von Bredow, Oskotski u.a. [3]. Hierbei wird wie in Abb. 14 angedeutet die Intensität der gestreuten Neutronen über viele Streuwinkel und evtl. auch noch über mehrere Einfallsenergien summiert. Auf diese Weise bestimmte Phononenzustandsdichten sind in Abb. 15 und 16 dargestellt.

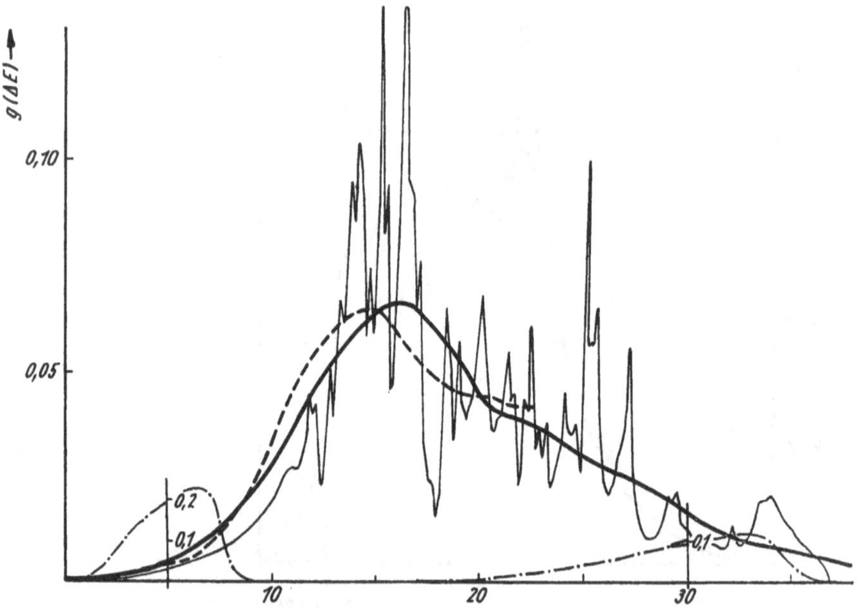

Abb. 16 Phononenzustandsdichte von $CaMg_2$. Bedeutung der Linien wie in Abb. 15. Die Spektrometerfunktion ist für zwei Energieübertragungen angegeben (nach [5])

8. *Migdal-Kohn-Anomalien und Fermi-Flächen*

Der wesentliche Unterschied der Bloch-Elektronen als Elementar-anregungen im Festkörper gegenüber den Phononen besteht darin, daß sie Fermi-Teilchen mit Spin 1/2 sind und daß es von ihnen zwei Sorten gibt: Teilchen und Antiteilchen oder, wie man hier üblicherweise sagt, Löcher. Die Lochanregungen haben zu den Teilchenanregungen entgegengesetzte Werte von Ladung und Spin. Trägt man die Anregungsenergien $\varepsilon_{\vec{k}}$ als Funktion des Impulses $\hbar\vec{k}$ für die Teilchenanregungen vom Wert des chemischen Potentials nach oben und für die Lochanregungen nach unten auf, so bilden sie in Metallen Teile eines gemeinsamen Dispersionszweiges. Der Impuls für den Übergang vom Loch- zum Teilchencharakter ist der Fermi-Impuls $\hbar\vec{k}_F$ (Abb. 17). Die Gesamtheit aller Fermi-Impulse bildet Flächen im $\vec{k}$-Raum, die Fermi-Flächen. Die Ausbreitungsgeschwindigkeit der Zustände auf der Fermi-Fläche ist die Fermi-

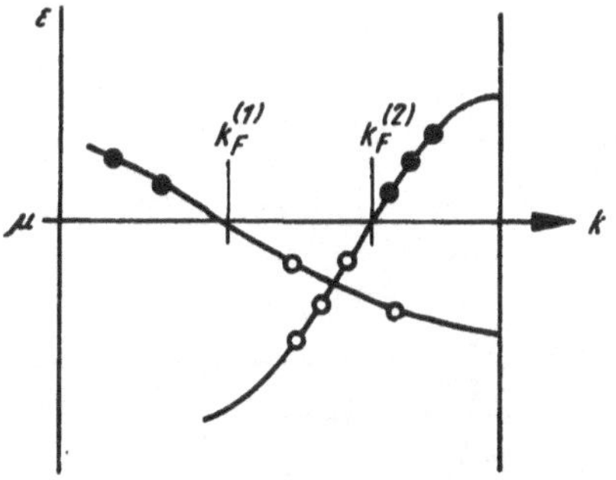

Abb. 17 Dispersionskurven für Bloch-Elektronen im Metall; μ ist das chemische Potential

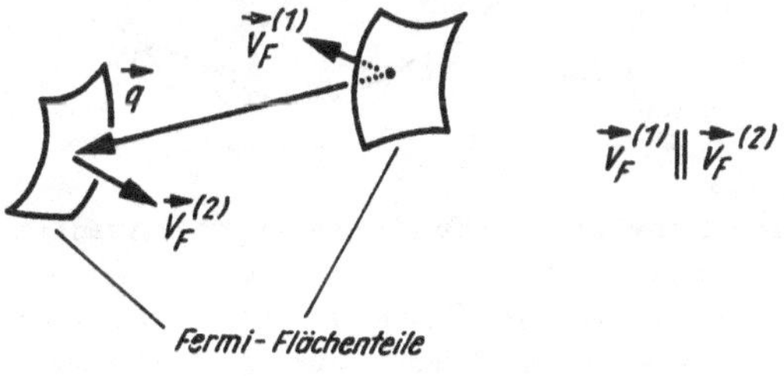

Abb. 18 Zur Migdal-Kohn-Anomalie

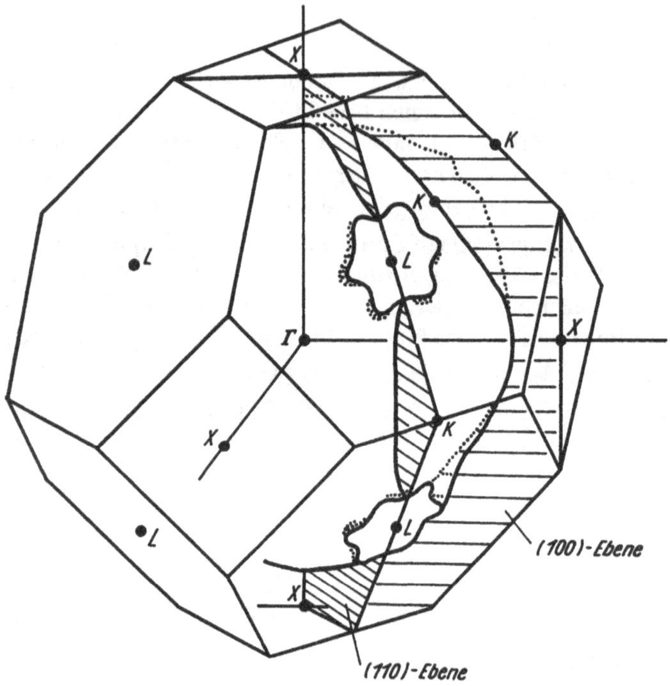

Abb. 19 BZ und Fermi-Fläche von Cu

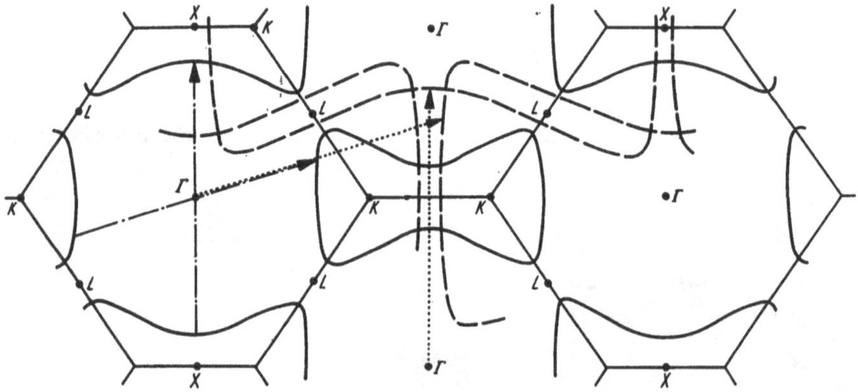

Abb. 20 (110)-Schnittebene durch die Fermi-Fläche von Cu (durchgezogene Kurven) und Orte der Migdal-Kohn-Anomalien in den Phononendispersionskurven (gestrichelte Kurven). Strichpunktierte Pfeile – q-Vektoren zwischen parallelen Fermi-Flächenteilen, punktierte Pfeile – dieselben Vektoren vom Koordinatenursprung (Punkt Γ) aus aufgetragen, sie bestimmen die Orte der Anomalien

Geschwindigkeit

$$\vec{V}_F = \frac{1}{\hbar} \frac{\partial \varepsilon_{\vec{k}}}{\partial \vec{k}}, \tag{23}$$

die überall senkrecht auch der FERMI-Fläche steht. FERMI-Fläche und FERMI-Geschwindigkeit bestimmen praktisch alle elektronischen und viele weitere Eigenschaften der Metalle entscheidend.

Interessanterweise manifestiert sich die FERMI-Fläche auch in den Phononendispersionskurven in Form der sog. MIGDAL-KOHN-Anomalien. Diese treten bei Werten des Phononenwellenvektors $\vec{q}$ auf, der zwei Parallele FERMI-Flächenteile verbindet (Abb. 18) und gestatten damit eine Messung der FERMI-

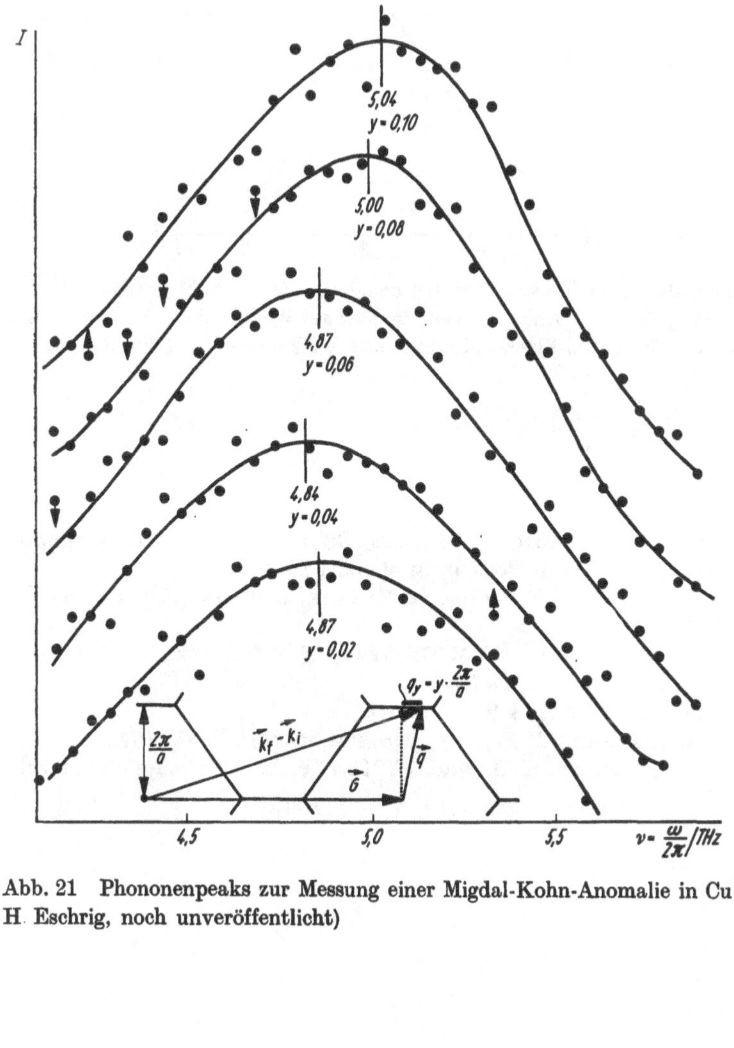

Abb. 21 Phononenpeaks zur Messung einer Migdal-Kohn-Anomalie in Cu (L. Weiß und H. Eschrig, noch unveröffentlicht)

Fläche über die Messung der Phononendispersionskurven. Die Anomalien sind besonders ausgeprägt, wenn die Fermi-Fläche flache Teile enthält. In den Abb. 19–22 ist der Sachverhalt am Beispiel des Kupfers ausführlich dargestellt.

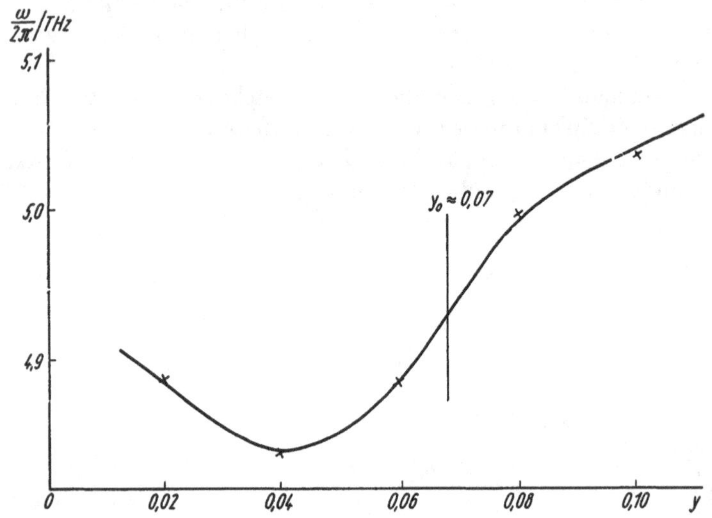

Abb. 22 Phononendispersionskurve in Cu, die den Peaks der Abb. 21 an einer Migdal-Kohn-Anomalie entspricht. Die Anomalie befindet sich am Wendepunkt der Dispersionskurve und bestimmt den Fermi-Flächenabstand auf einer korizontalen Linie K–Γ–K der Abb. 20

Literatur

[1] Dolling, G.: Dynamical Properties of Solids, Bd. 1, herausg. von G. K. Horton und A. A. Maradudin, North Holland, Amsterdam 1974.

[2] Dorner, B., K. Feldmann, K. Hennig, P. Urwank, L. Weiss: phys. stat. sol. (b) **63**, K 135 (1974).

[3] Bredow, M. M., B. A. Kotow, N. M. Okunewa, V. S. Oskotski, A. L. Schach-Budagow: Fis. tewrd. Tela **9**, 289 (1967);
V. S. Oskotski: Fis. twerd. Tela **9**, 550 (1967).

[4] Eschrig, H., L. van Loyen, P. Ziesche: phys. stat. sol. (b) **66**, 587 (1974).

[5] Eschrig, H., K. Feldmann, K. Hennig, W. Matz, P. Paufler: phys. stat. sol (b) **79**, 283 (1977).

Siegfried Niese

Einige aktuelle Probleme der Neutronenaktivierungsanalyse

In diesem Beitrag sollen nach einer einführenden Beschreibung der Methode einige Gedanken zu den Hauptanwendungsgebieten und zu notwendigen methodischen Entwicklungen geäußert werden.

Die Neutronenaktivierungsanalyse (NAA) wurde 1936 von Hevesy und Levi [1] erfunden, als sie erkannten, daß sich die bei der Bestrahlung von Proben mit Neutronen, die von einer aus einem Alphastrahler und Beryllium bestehenden Neutronenquelle erzeugt wurden, entstehenden unterschiedlichen Aktivierungsprodukte zur Analyse ausnutzen lassen.

Mit der Entwicklung von Kernreaktoren [2], Szintillationsdetektoren und Halbleiterdetektoren [3] wurden jeweils neue Etappen in der Entwicklung der NAA eingeleitet. In wechselseitiger Befruchtung entwickeln sich seitdem die NAA ebenso wie andere Verfahren zur Bestimmung von Elementgehalten wie Massenspektroskopie, Atomspektroskopie und mikrochemische Verfahren. Die Anwendung der NAA ist immer dann erfolgreich, wenn die hohe Leistungsfähigkeit des Verfahrens tatsächlich gefordert wird und schwerer ins Gewicht fällt als die mit einer Bestrahlung im Kernreaktor verbundenen Umständlichkeiten.

Die vorwiegend angewandte Variante der NAA besteht in einer Bestrahlung der Proben im Kernreaktor, bei der durch Einfang thermischer Neutronen aus den interessierenden Elementen Radionuklide gebildet werden, und einer gammaspektrometrischen Messung der bestrahlten Proben mit einem Ge(Li)-Detektor. Gleichzeitig bestrahlte Standardproben bekannter Zusammensetzung dienen der Eichung.

Wenn das zu messende Nuklid nicht deutlich im Spektrum zu erkennen ist, wird nach der Bestrahlung eine chemische Abtrennung der störenden Komponenten oder der zu messenden Nuklide durchgeführt. Im Gegensatz zu anderen Analysenverfahren verursachen inaktive Verunreinigungen der Chemikalien und Arbeitsmedien keine Blindwerte.

Neben der geringen Strahlenabsorption der Probe und der leichten Nachweisbarkeit der einzelnen hochenergetischen Teilchen und Quanten ist das gute Nachweisvermögen besonders den langen Lebensdauern der aktivierten Kerne zu danken. Sie gestatten es, die Probe außerhalb des Bestrahlungsfeldes und damit bei geringem Untergrund zu messen.

Es hängt mit der durch Neutroneneinfang verursachten Bildung der meisten Elemente im Kosmos zusammen, daß viele Elemente sowohl selten sind als sich auch neutronenaktivierungsanalytisch gut bestimmen lassen, z. B. Sc, Co, Seltene Erden, Cs, Hf, Ta, Au, Th, U. Damit ist die NAA der natürlichen Häufigkeit, d. h. der Zusammensetzung außerirdischer und geologischer Proben angepaßt. Gerade in der Geo- und Kosmochemie interessiert man sich für die Konzentrationen aller Elemente, da sie Hinweise für Migrations- und Fraktionierungsprozesse, die für die Lagerstättenbildung verantwortlich sind, geben. Bei der Untersuchung der Apollo-Mondproben war die NAA neben der Massenspektrometrie das am häufigsten angewandte Untersuchungsverfahren [4]. Die Mehrzahl der Beiträge des 2. Symposiums über Herkunft und Verteilung der Elemente (Paris, 1977) stützten sich auf Ergebnisse, die mittels NAA erhalten wurden.

Wir haben u. a. die territoriale Verteilung von Au, Th und U untersucht und festgestellt, daß der mittlere Gehalt der Gesteine im Untersuchungsgebiet der MVR dem Clarke-Wert von 4.5 ppb entsprechen, während der mittlere Au-Gehalt in den untersuchten Proben der DDR nur 1.2 ppm betrug. Kombinationen von NAA und Radioaktivitätsmessung der Tochternuklide des Urans konnten zur Altersbestimmung von Urananreicherungen genutzt werden [5]. Gemeinsam mit der Bergakademie Freiberg wurden Untersuchungen zur Regionalmetamorphose durchgeführt, wobei überraschenderweise bei der metamorphen Umwandlung von Schiefer in Granulit eine Konzentrationsabnahme der schweren Seltenen Erden festgestellt wurde.

Der Anwendung der NAA in der Medizin hat sich besonders die IAEA angenommen. In Studien und Forschungsprogrammen werden großräumige Umwelteinflüsse auf die Konzentration von Spurenelementen im Menschen, insbesondere im Kopfhaar, untersucht. Für die Bestimmung von F, Cl, Mn, Cr, Co, J und Au ist die NAA anderen Analysenverfahren überlegen. Wir bestimmten die Goldkonzentration in Serum und in Leberbiopsieproben von Patienten, die gegen rheumatische Erkrankungen mit Goldpräparaten behandelt wurden [6]. In Leberbiopsien wurden auch Mn, Cu und Zn bestimmt [7]. Drastische Veränderungen der Konzentrationen einzelner Elemente im Haar findet man insbesondere bei beruflich belasteten Personen, z. B. erhöhte Mn-Gehalte bei Werftschweißern [8] und erhöhte F-Gehalte bei Werktätigen in Fluorwerken, aber auch bei Personen, die mit Hormonen behandelt werden.

Die NAA wird zweckmäßig auch zur Bestimmung leicht aktivierbarer Elemente in Werkstoffen, die sich selbst schlecht aktivieren lassen, eingesetzt, z. B. in Polymeren, ZrNb-Legierungen [9], Kieselglas, V–Si-Legierungen, Korrosionsschichten auf Stählen [10], insbesondere in Halbleiterwerkstoffen.

Die Analyse von Silizium ist eine dankbare Aufgabe, weil die extrem niedrigen Verunreinigungskonzentrationen uns immer wieder zu neuen methodischen Entwicklungen [11] veranlaßten. Es darf aber auch nicht verschwiegen werden, daß bei diesen geringen Konzentrationen Vergleichsverfahren weitgehend fehlen und damit die Gefahr sehr groß ist, daß systematische Fehler übersehen werden.

Methodische Entwicklungen dienen der Verbesserung von Selektivität, Genauigkeit, Nachweisvermögen, Richtigkeit und Produktivität.

Bekanntlich kann mit aufwendigen chemischen Trennungen die Selektivität eines entsprechenden Analysenverfahrens beliebig erhöht werden. Um aber auf chemische Operationen verzichten zu können, sind wir an einer selektiven Messung interessiert. Da wir in der nächsten Zeit keine prinzipiell neuartigen Detektormaterialien, die Germanium ablösen können und ein besseres Energieauflösungsvermögen besitzen, erwarten dürfen, müssen wir uns auf eine rauscharme Impulsverstärkung beschränken.

Die Genauigkeit kann in den meisten Fällen dadurch erhöht werden, daß man Möglichkeiten zur Erhöhung der verarbeitbaren Zählraten schafft. Im ZfK wurde ein elektronischer Tot- und Abklingzeitkorrektor entwickelt, der die komplizierten Zeitverhältnisse bei der Messung abklingender Aktivitäten simuliert und schließlich korrigiert. Mit einer drastischen Genauigkeitsverbesserung wächst die Bedeutung der NAA für die Analyse von Standardmaterialien und zur Untersuchung geochemischer Differentiationsprozesse.

Zur Verbesserung der Nachweisgrenze werden wir insbesondere bei der Analyse von Halbleitermaterialien angeregt. Aber auch bei der Messung dosimetrischer Proben und von Korrosionsprodukten bestimmt der Untergrund die Nachweisgrenze. Die natürliche Radioaktivität in den Baumaterialien des Gebäudes liefert dabei den Hauptanteil. Bei der Messung von betastrahlenden Nukliden liefert die kosmische Strahlung den Hauptbeitrag zum Untergrund. Wir sind dabei, unter 40 m dicker Gesteinsschicht in Dresden im Weißeritztal ein unterirdisches Meßlabor einzurichten [14]. Die Höhenstrahlung ist um den Faktor 50 reduziert, und mit Abschirmungen aus radioaktivitätsarmem Gestein (Serpentinit) und ausgesuchtem Blei wird der aus der natürlichen Radioaktivität des Gesteins stammende Untergrund verringert.

Zur Verbesserung der Nachweisgrenze nutzen wir auch Koinzidenzverfahren. Für radiochemisch abgetrennte Proben hat sich die β, γ-Koinzidenzspektrometrie mit mehreren Plastdetektoren und einem NaI(Tl)-Detektor [12] bewährt. Man kann beispielsweise sieben Proben gleichzeitig mehrere Tage unter Ausnutzung der Wochenenden messen, wobei der Nulleffekt um drei Größenordnungen im Vergleich zu einer einfachen Spektrometrie verringert ist. Auf diese Weise kommt im Endergebnis eine Verbesserung der Nachweisgrenze um zwei Größenordnungen zustande.

Die Richtigkeit eines Analysenverfahrens sucht man im allgemeinen durch Analyse von Standards zu überprüfen. Hauptfehler in der Spurenanalytik sind Kontaminationen bei der Probennahme und Zerkleinerung sowie während der chemischen Trennung. In der Aktivierungsanalyse muß es sich bei chemischen Trennungen dabei um radioaktive Kontaminationen handeln, damit daß Analysenergebnis verfälscht wird. Gesteinszerkleinerung in Widia-Mörsern brachte zu hohe Wolfram- und Kobaltkonzentrationen, Blutentnahmen mit V_2A-Nadeln brachte zu hohe Mn-Konzentrationen im Serum, und das Sägen von Siliziumscheiben führt zu erhöhten Kupferkonzentrationen.

In der NAA werden auch gelegentlich störende Kernreaktionen übersehen, so wird die der Natriumbestimmung dienende $^{23}Na(n, \gamma)$ ^{24}Na-Reaktion durch die Reaktion $^{24}Mg(n, p)^{24}Na$ gestört. In halbleiterreinem Silizium müssen wir sogar die Reaktion $^{28}Si(n,\alpha\ p)$ ^{24}Na berücksichtigen [11].

Die Aktivierung mit epithermischen Neutronen erfreut sich allgemeiner Beliebtheit, da in vielen Materialien die Aktivierung der Hauptkomponenten unterdrückt wird. Jedoch treten bei der epithermischen Aktivierung im starken Maße Selbstabschirmeffekte besonders bei den Standards auf.

Man darf auch nicht die verschiedenen Wirkungen der Strahlung auf die Proben selbst übersehen. Bei der Bestrahlung biologischer Proben können sich flüchtige Verbindungen bilden, wodurch zu niedrige Werte erhalten werden. Bekannt ist die Bildung von $Hg(CH_3)_2$. Ungenügend wird auch die von Koifman und Niyazova [15] beschriebene strahlungsstimulierte Diffusion in Silizium beachtet. Die Autoren zeigten das Wandern von Gold und Zink, Gaworszewski et al. [16] demonstrierte die Wanderung von Antimon aus einer antimondotierten Schicht in eine undotierte Epitaxischicht, und wir konnten zeigen [17], wie 0,06 ng/cm^2 Cu während der Bestrahlung von der Oberfläche einige µm tief in das Material einwandern. Von Martin et al. [18] war die durch Probebearbeitung und Bestrahlung verursachte Wanderung von Verunreinigungen in das Probeninnere als Rückzementation während des Ätzens gedeutet worden.

Zur Bestimmung hoher Konzentrationen leicht aktivierbarer Elemente werden im Erzbergbau und in der Metallurgie erfolgreich Isotopenneutronenquellen eingesetzt. Dagegen haben die großen Anstrengungen, schnelle Neutronen, welche man mit Beschleunigern erzeugen kann, für die Analytik zu nutzen, nur zu bescheidenen Erfolgen geführt, wobei die zerstörungsfreie Bestimmung von Sauerstoff in Metallen zu den erfreulichen Ausnahmen zählt. Die geringen Neutronenflußdichten und die bei den hohen Energien der mit Beschleunigern erzeugten Neutronen niedrigen Wirkungsquerschnitte führen zu geringen Empfindlichkeiten. Ebenso ist von Nachteil, daß sich durch (n, p)- und (n, α)-Reaktionen aus verschiedenen Elementen gleiche Nuklide mit ähnlichen Ausbeuten bilden. Deshalb kann sich die Aktivierungsanalyse mit schnellen Neutronen nur in Ausnahmefällen der Konkurrenz anderer Verfahren erwehren.

Mit Hilfe von Mikroprozessoren ist eine Rationalisierung der Auswertearbeiten möglich. Automatische Bestrahlungs- und Meßeinrichtungen haben sich immer dann bewährt, wenn die Zusammensetzung der Proben innerhalb einer Serie nicht allzu stark schwankte. Ein großes Hindernis bei der Automatisierung der Bestrahlungs- und Meßprozesse ist die oft nur unbefriedigende Zuverlässigkeit beweglicher Teile.

Wenn auch in naher Zukunft nicht mit neuen Aktivierungs- und Meßprinzipien zu rechnen ist, sind zur Ausschöpfung der theoretischen Leistungsgrenzen noch umfangreiche Entwicklungsarbeiten notwendig. Ein Bedürfnis nach entsprechend leistungsfähigeren Analysenverfahren besteht seitens der Anwenderdisziplinen.

Mit Hilfe der Analytik wird in vielen Gebieten die Einhaltung vorgegebener Zusammensetzungen kontrolliert. Ein besonders dankbares Betätigungsfeld findet der Analytiker dann, wenn er mit beitragen kann, grundlegende Zusammenhänge aufzudecken, wofür gegenwärtig besonders in der Geologie und der Medizin Aussichten bestehen.

Literatur

[1] Hevesy, G., H. Levi: Kgl. Danske Videnske Selsk. math.-fysika Medd. **14** Nr. 5 (1936).

[2] Rodden, C. J.: Analytical Chemistry of the Manhatten Project, McGraw Hill N. Y. 1950.

[3] Markowitz, S. S., J. D. Mahony: Proc. IAEA Symp. on Radioanal. Meth. of Analysis, Salzburg, **1** (1964) 419.

[4] Morrison, G. H.: Analyt. Chem. **43** (1971) 22 A.

[5] Loos, G.: J. Radioanal. Chem. **28** (1975) 221.

[6] Wiesener, W., H. Geidel: Isotopenpraxis **14** (1978) 17.

[7] Leonhardt et al.: Isotopenpraxis **11** (1975) 127.

[8] Wiesener, W., W. Grund: Isotopenpraxis **14** (1978) 174.

[9] Krogner, K., et al.: Isotopenpraxis **15** (1979) 381.

[10] Rommel, H., et al.: J. Radioanal. Chem. (1980).

[11] Niese, S.: J. Radioanal. Chem. **28** (1975) 171.

[12] Niese, S.: et al.: J. Nucl. Instr. Methods, **118** (1974) 217.

[13] Niese, S.: J. Radioanal. Chem. **38** (1977) 37.

[14] Helbig, W., et al.: 2. Tagung Nukleare Analysenverfahren, 19.–23. 3. 1979, Dresden Preprints, S. 184.

[15] Koifman, A. I., O. R. Niyazova: phys. stat. sol. (a) **10** (1972) 59.

[16] Gaworzewski, R., et al.: J. Radioanal. Chem. **52** (1979) 93.

[17] Niese, S.: Isotopenpraxis 16 (1980).

[18] Martin, J. A. et al.: Z. Anal. Chem. **265** (1973) 122.

Hartwig Koch, Johannes Flachowsky

Ergebnisse der Neutronenaktivierung zur Diagnose von Halbleiter-Material

Anliegen meines Vortrages ist es, Ihnen einige Aspekte und Probleme der Neutronenaktivierung in der Halbleiter-Diagnostik und -Fertigung aufzuzeigen und einige Ergebnisse zur Diskussion zu stellen.

Ich habe zunächst das Glück, daß im vorhergehenden Vortrag bereits einiges zur Methode und deren Leistungsfähigkeit gesagt wurde, so daß ich mir methodische Bemerkungen weitestgehend ersparen kann. Andererseits sind bereits Probleme aus der Halbleiter-Analytik, speziell im Bereich des Siliziums, angesprochen worden, so daß ich meine Betrachtungen auf andere Probleme konzentrieren kann.

Die analytische Aufgabenstellung in der Halbleiterindustrie beruht darauf, daß bei der Entwicklung und Produktion von integrierten MOS-Schaltkreisen bereits geringe Mengen von Verunreinigungen oder Dotanden die elektrischen Kenndaten und elektrischen Eigenschaften dieser hochreinen Materialien verändern.

In der Tab. 1 sind einige Kenndaten für die Elemente Germanium und Silizium zusammengestellt.

Tabelle 1 Kenndaten für Halbleiter-Silizium und -Germanium

	Silizium	Germanium
Dichte	2,33	5,32
Atome cm^{-3}	$5 \cdot 10^{22}$	$4,5 \cdot 10^{22}$
Inversionsdichte (Ladungsträger cm^{-3})	$1,3 \cdot 10^{10}$ (300 °K)	$2,5 \cdot 10^{13}$ (300 °K)
Atome/Ladungsträger	$\sim 4 \cdot 10^{12}$	$\sim 2 \cdot 10^{9}$
% zu erfassen	$\sim 4 \cdot 10^{-10}$	$\sim 4 \cdot 30^{-7}$
Atome cm^{-3}	$\sim 10^{9}$	$\sim 10^{12}$
Atome g^{-1}	$\sim 4,3 \cdot 10^{8}$	$\sim 2 \cdot 10^{11}$

Leider sind gegenwärtig genauere Kenntnisse über störende minimale Konzentrationen für die einzelnen Stör- oder Dotierungselemente nicht bekannt. Man muß nach der Literatur damit rechnen, daß ungefähr 40 ppb bzw. 10^{12}–10^{13} A/cm^2 bzw. 10^{14} A/cm^3 zu meßbaren Veränderungen der elektrischen Eigenschaften und damit zum erhöhten Ausfall von Bauelementen führen.

In bezug auf die Reinheit von Halbleiter-Chemikalien werden meist solche Konzentrationen angegeben, die dem Leistungsvermögen der besten Analysenverfahren entsprechen. Man weiß deshalb nicht, ob hier die Analysenverfahren oder die wirklich erforderlichen minimalen Konzentrationen bestimmend sind. Immerhin liegen die zu erfassenden Elementkonzentrationen an der unteren Grenze der Analysenverfahren, so daß die spurenanalytischen Probleme aus der Halbleiterindustrie eine echte Herausforderung an die Analytik darstellen.

Damit steigen aber auch die hohen Reinheitsanforderungen an die Herstellungstechnologien (einmaliges Anfassen der Scheibe mit dem Finger bringt bereits ungefähr $2 \cdot 10^{-7}$ g Na auf die Oberfläche).

Zur Herstellung von Halbleiter-Bauelementen, z.B. eines Transistors, sind eine Vielzahl von technologischen Schritten, wie Photolithographie, Ätzprozeß, Hochtemperaturoxidation und Hochtemperatur-Diffusion - die sich mehrfach wiederholen - erforderlich.

In der Abb. 1 sind die Hauptschritte (ohne Photolithographie) zur Herstellung eines Transistors dargestellt [1].

1. Hochtemperaturoxidation der Si-Oberfläche
2. Photolithographie, Abätzen des SiO_2 und Eindiffundieren von Donatoren zur *n*-Leitung
3. Abätzen des restlichen Oxides, epitaktisches Aufwachsen einer *n*-leitenden Schicht hohen Widerstandes
4. Erzeugung einer neuen Oxidschicht
5. Photolithographie, partielles Abätzen und Eindiffundieren von Akzeptoren

Diese Operationen wiederholen sich in den Schritten 6 bis 12 und enden schließlich mit der Kontaktierung.

Bei diesen Technologieschritten können natürlich durch die Chemikalien oder aus der Umgebung Verunreinigungen auf die Bauelemente gelangen und zum Ausfall führen. Es ergibt sich daher eine wichtige Aufgabe für die Analytik, die eingesetzten Materialien, Chemikalien und die Technologien ständig analytisch zu überwachen und zu kontrollieren.

Die technologische Entwicklung in der Elektronik geht, wie Abb. 2 zeigt, bei einer Verdoppelung pro Jahr zu immer größeren Integrationsschichten hin. Bauelemente werden immer kleiner, was zu immer komplexeren Funktionen mit höheren Geschwindigkeiten bei fallenden Kosten führt. Damit steigen die Anforderungen an Reinheit, Technologie und Kenndaten der Bauelemente und damit auch an die Spurenanalytik.

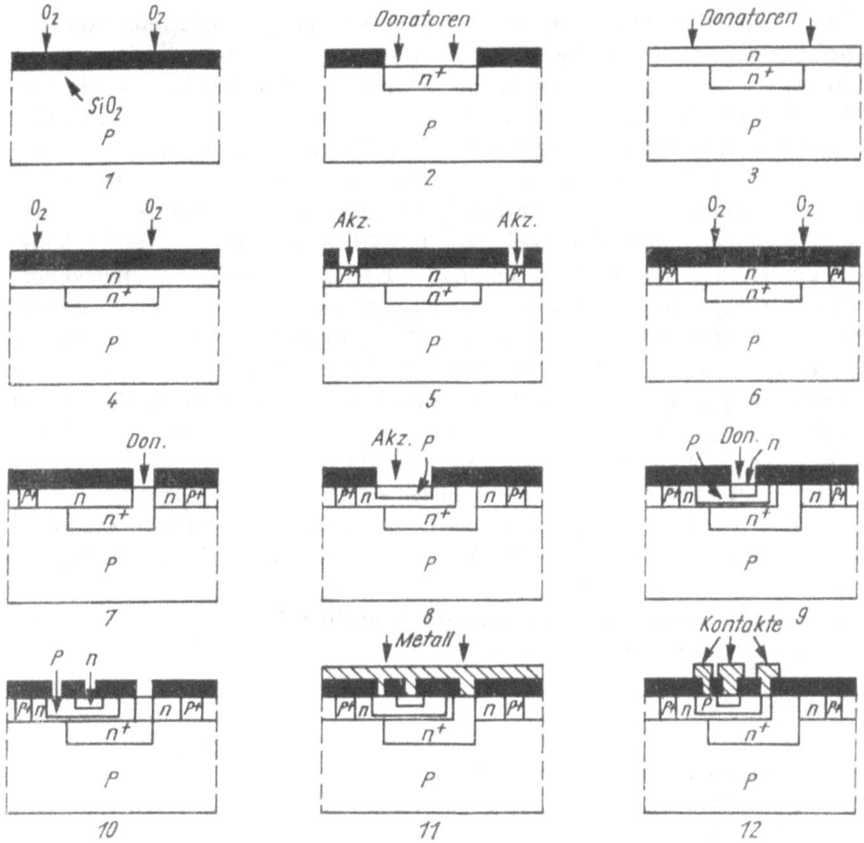

Abb. 1 Schematische Darstellung der Herstellungstechnologie eines Transistors

Die wichtigsten analytischen Aufgaben in der Halbleiterindustrie:

1. Spurengehaltsbestimmungen im Halbleiter-Material und in Halbleiter-Chemikalien (Art und Menge in der Volumeneinheit)
2. Erfassung der lateralen und Tiefenverteilungen von Dotanden und Spurenverunreinigung (Gehalt, Verteilung, Diffusion)
3. Kinetik der Spurenkontamination. Herkunft und Verbleib von Spuren bei technologischen Schritten in Forschung und Fertigung (Tracer-Analytik).

Die Vorteile der nuklearen Analysenmethoden:

- Hohe Nachweisempfindlichkeit der Radionuklide
- Vermeidung von Blindwerten, da nach der Aktivierung die durch den chemischen Trennprozeß, durch Reagenzien eingeschleppten Spurenverunrei-

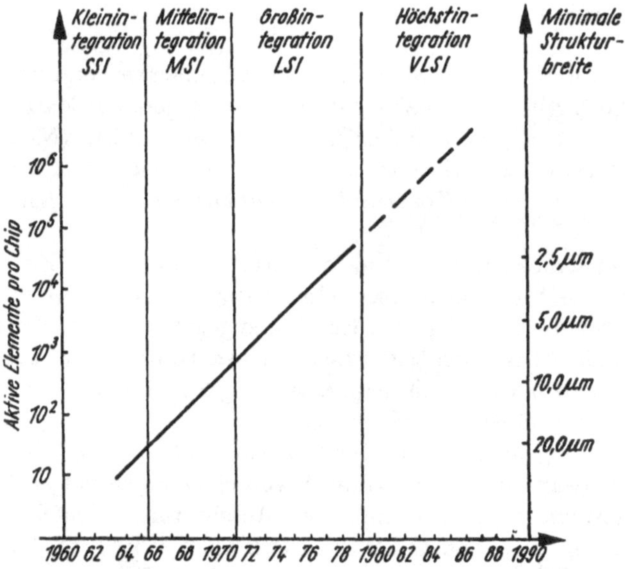

Abb. 2 Entwicklung der Integrationsdichte von HL-Bauelementen seit 1962

nigungen die Bestimmung nicht mehr stören. Damit eindeutige Zuordnung von z.B. Spurenkontaminationen und deren Herkunft.

- Kinetische Vorgänge wie Diffusion, Adsorption und Desorption usw. sind Domänen der Radionuklidtechnik in bezug auf Einfachheit, Schnelligkeit und anderen Verfahren überlegen. Damit direkte Hinweise für Technologieverbesserungen, -änderungen (elektrische Meßverfahren erlauben keine direkte Zuordnung). Ionenstrommessung-Verfahren sind eichprobenfrei (Sondentechnik benötigt Eichproben mit definierter Tiefenverteilung).

Die Nachteile der nuklearen Analysenverfahren:

- Bedingt für Routineanalytik geeignet.
- Keine Methode zur on-line-Analytik in der Fertigung.

Unsere analytischen Arbeiten für die Halbleiter-Industrie haben u.a. folgendes Ziel:

- Überprüfung, Optimierung, Weiterentwicklung bzw. Umstellung von Fertigungstechnologien
- Ablösung von Export an HL-Grundmaterialien und HL-Chemikalien
- Standardisierung und Überführung von Methoden in die industrielle Praxis (Industrie-Isotopenlabors).

Die folgenden Abschnitte bringen die Darstellung einiger Anwendungsbeispiele aus der Praxis.

1. Spurengehaltsbestimmungen

Die Spurengehaltsbestimmungen in Si bereiten im allgemeinen keine größeren Probleme für die Aktibierungsanalyse, da ein relativ geringer Matrixeffekt eintritt. In vielen Fällen kann zerstörungsfrei gemessen werden. (Nachteile: Einfluß von σ, Halbwertszeit, Strahlenart, Energie, Überlagerung durch Komptonkontinuum bei extremen Konzentrationsverhältnissen bzw. hoher Matrixaktivität).

In der Literatur sind zerstörungsfreie Analysenverfahren für Si mit Koinzidenzspektrometer und Rechenanlagen beschrieben worden [2]. Dabei werden Empfindlichkeiten bis herab zu 10^{-14} g (Au, Eu, Sm) angegeben. Diese Werte sind z.T. unter Zugrundelegung günstigster Bedingungen berechnet worden, so daß man in den Angaben von Nachweisgrenzen bei den verschiedensten Autoren Unterschiede bis zu 3 Größenordnungen finden kann.

Die Nachweisgrenze und -genauigkeit der Neutronenaktivierung hängt nicht nur vom n-Fluß, Meßaufwand usw., sondern auch von einer Reihe möglicher Fehlerquellen wie Flußverteilung, Flußdepression, Abschattung, Konfektionierungsfehler der Proben, Repräsentanz der Standards ab. Wie weit die Analysenprobenmenge in die Betrachtungen eingeht, ist aus der Tab. 2 zu entnehmen. Gehen wir davon aus, daß 10^{14} Atome/cm^3 (10^{12}–10^{14} At./cm^2) bei einem lateralen Auflösungsvermögen <1 µm und einem Tiefenauflösungsvermögen von <1 µm $>$ 10 nm quantitativ zu erfassen sind, so ergeben sich für die gesamte Scheibe $\sim 10^{-9}$ g und eine 10 nm Schicht $\sim 10^{13}$ g, d.h., die Konzentrationen in der 10 nm Schicht liegen in den meisten Fällen unterhalb der praktischen Nachweisgrenze.

Tabelle 2 Analytisch zu erfassende Mengen verschiedener Elemente in einer 100 µm 2-Zoll-Si-Scheibe und einer 10 nm-Schicht dieser Scheibe bei einem vorgegebenen Elementgehalt von 10^{14} At/cm^3

	Scheibe	10 nm-Schicht
Na	$8{,}3 \cdot 10^{-9}$ g	$1{,}2 \cdot 10^{-13}$ g
K	$1{,}4 \cdot 10^{-9}$	$1{,}9 \cdot 10^{-13}$
P	$1{,}1 \cdot 10^{-9}$	$1{,}5 \cdot 10^{-13}$
Fe	$2{,}0 \cdot 10^{-9}$	$2{,}8 \cdot 10^{-13}$
Cu	$2{,}3 \cdot 10^{-9}$	$3{,}2 \cdot 10^{-13}$
As	$2{,}7 \cdot 10^{-9}$	$3{,}7 \cdot 10^{-13}$
Sb	$4{,}4 \cdot 10^{-9}$	$6{,}1 \cdot 10^{-13}$
Ag	$3{,}9 \cdot 10^{-9}$	$5{,}4 \cdot 10^{-13}$
Au	$7{,}1 \cdot 10^{-9}$	$9{,}8 \cdot 10^{-13}$

Von uns wurden Spurengehaltsbestimmungen in Si-Standardmaterial mittels Reaktorneutronenaktivierung sowohl an Czochralsky wie auch an zonengefloatetem Material durchgeführt. Die Aktivierung erfolgt im Rossendorfer Reaktor. Bei der Aufarbeitung der Proben wurde zunächst die Matrix als SiF_4 abgetrennt und der Rückstand einem speziellen chemischen Trennungsgang unterworfen. Typische Ergebnisse sind in der Tab. 3 zusammengefaßt. Man erkennt, daß im zonengefloatetem Si der Spurengehalt geringer ist und zum Teil unterhalb der Nachweisgrenze liegt.

Tabelle 3 **Mittelwerte der aktivierungsanalytischen Spurenbestimmung an 2-Zoll-Scheiben n-Si ⟨111⟩**

	Czochralsky-Material	zonengefloatetes-Material
Na	$[3{,}43 \pm 0{,}20] \cdot 10^{13}$	$[2{,}92 \pm 0{,}16] \cdot 10^{13}$
Cu	$[2{,}22 \pm 0{,}27] \cdot 10^{13}$	$<[1{,}5 \pm 0{,}3] \cdot 10^{13}$
Ag	$[1{,}17 \pm 0{,}3] \cdot 10^{14}$	$[1{,}8 \pm 0{,}4] \cdot 10^{13}$
Fe	$<[6{,}5 \pm 2{,}0] \cdot 10^{15}$	< Nachweisgrenze
Ni	$<[1{,}4 \pm 0{,}4] \cdot 10^{15}$	< Nachweisgrenze
Zn	$<[1{,}2 \pm 0{,}2] \cdot 10^{14}$	< Nachweisgrenze

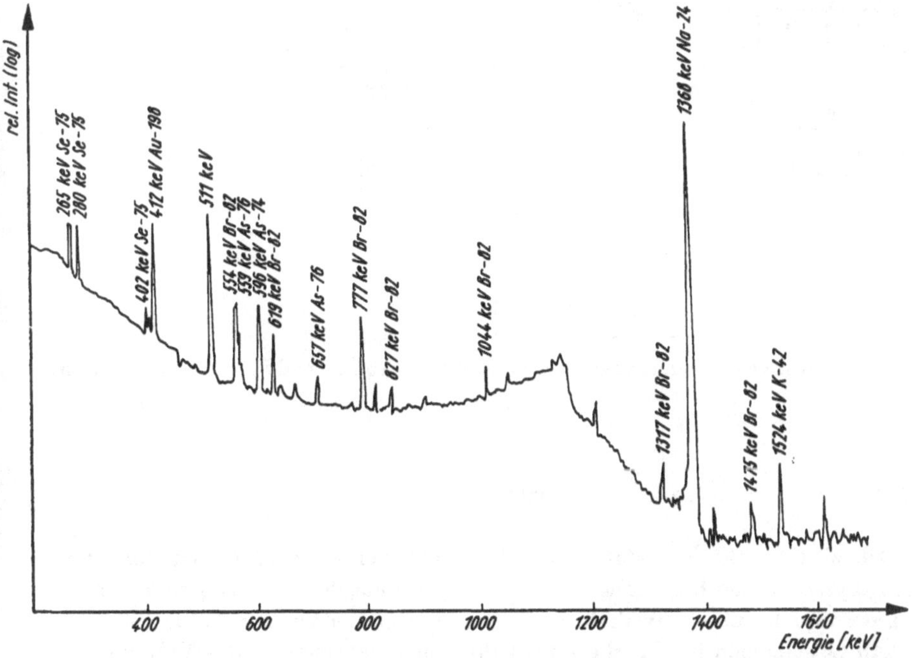

Abb. 3 Ge(Li)-Spektrum einer aktivierten Se-Probe nach Abtrennung der Se-Matrix

Ein anderes Beispiel ist die Spurengehaltsbestimmung in Selen.

Solche Untersuchungen sind erforderlich zur Eingangskontrolle, Kontrolle technologischer Verarbeitungsschritte sowie der Qualität der Selen-Gleichrichterelemente. Da im Falle von Selen eine sehr hohe Matrixaktivität mit sehr vielen Röntgen- und γ-Linien entsteht, ist eine zerstörungsfreie Analyse nicht möglich. Es muß in jedem Falle eine Abtrennung der Matrix erfolgen. Danach läßt sich z.B. durch eine γ-spektrometrische Übersichtsmessung über weitere notwendige chemische Trennungsgänge entscheiden (Abb. 3).

Hier soll nicht näher auf die komplizierten und umfangreichen chemischen Trennungsgänge eingegangen werden. In Abb. 4 ist als Beispiel ein solcher Trennungsgang zur Bestimmung von Gallium und Antimon in Selen schematisch dargestellt.

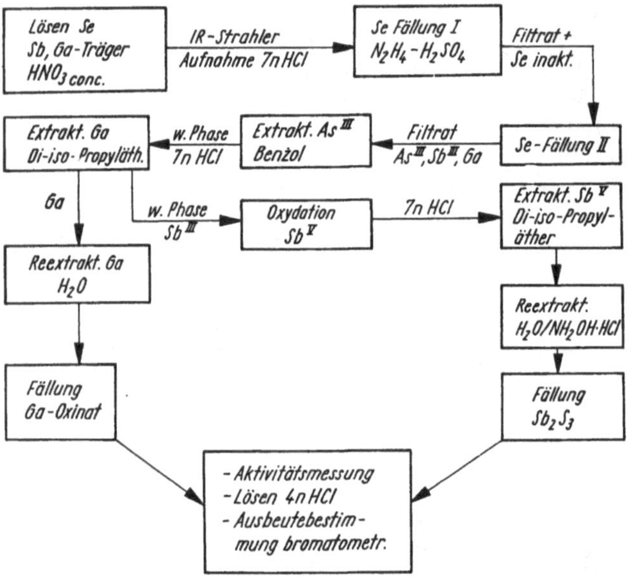

Abb. 4 Chemischer Trennungsgang zur Bestimmung von Ga und Sb in Gleichrichterselen

2. *Erfassung der lateralen Verteilung*

Die elektrischen Kenndaten von HL-Bauelementen werden nicht nur durch die physikalischen Eigenschaften des HL-Materials, des sogenannten Volumens, sondern auch durch physikalische Eigenschaften der Oberfläche bestimmt.

An Oberflächen ist das die physikalischen Eigenschaften des Volumens bestimmende Gitter abgebrochen. Oberflächenkontakt mit der Umwelt (O_2) und die sich bildenden Oxidschichten und deren Wechselwirkung mit angrenzenden Phasen bestimmen die Eigenschaften und elektrischen Kenndaten der Oberflächen. Der Einfluß der Oxidschicht auf die elektrische Struktur der HL-Oberfläche hängt wesentlich vom Aufbau und der Zusammensetzung, d. h. von der Bindung der Sauerstoff-Atome und der Menge der eingelagerten Verunreinigung ab. Für solche Untersuchungen der lateralen Verteilung eignet sich die Autoradiographie, d.h. die photographische Abbildung der Strahlungsverteilung. Dabei wird das zu untersuchende radioaktiv markierte Objekt in engen Kontakt mit Halogensilber gebracht. Die Wirkung der ionisierenden Strahlung wird in der Photoemulsion als Schwärzung sichtbar. Da ein linearer Zusammenhang zwischen Schwärzung und Substanzkonzentration im Objekt besteht, sind Autoradiogramme unmittelbar relative Aussagen über Konzentrationsverteilung, und nach entsprechender Eichung sind auch absolute Zahlenwerte über die örtlichen Konzentrationen der radioaktiven Substanzen zu entnehmen. Mit solchen Autoradiogrammen lassen sich relativ große Flächen erfassen, die Verfahren sind im Mikro- und Makro-Bereich anwendbar und erreichen ein örtliches Auflösungsvermögen von μm.

Die autoradiographischen Verfahren sind weitestgehend ausgearbeitet, handhabbar und werden im Rahmen der Vertragsforschung mit der HL-Industrie in bezug auf halbleitertechnisch interessante Radionuklide weiterentwickelt.

Mittels solcher Autoradiogramme läßt sich - auch zur Kontrolle - leicht ein Überblick über die Verteilung von Substanzen an Oberflächen ermitteln. Die Abb. 5 zeigt die Phosphorverteilung auf einer Si-Scheibe mit Schaltkreisstruktur aus der laufenden Produktion. Man erkennt eine sehr inhomogene Verteilung, die auf Störungen im Produktionsprozeß hinweist. Abb. 6 zeigt

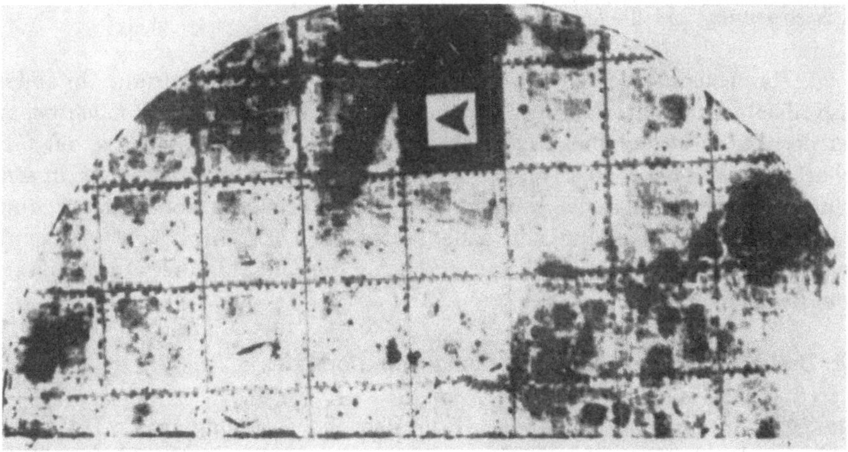

Abb. 5 Phosphorverteilung auf einer Si-Scheibe aus der Fertigung

das Autoradiogramm einer Goldverteilung nach Implantation in eine Si-Scheibe durch Diffusion. Auch hier ist eine sehr inhomogene Verteilung des Goldes zu erkennen. In beiden Fällen wurden die Si-Scheiben im Rossendorfer Reaktor aktiviert.

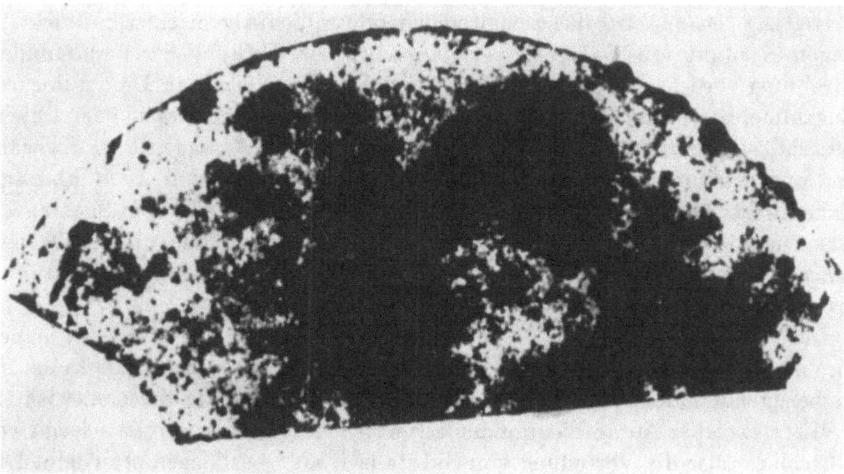

Abb. 6 Inhomogene Gold-Verteilung nach Implantation

3. Bestimmung von Tiefenverteilungen

Die Kenntnis der Tiefenverteilungen von Verunreinigungen und Dotanden in Halbleiterbasismaterial ist zunehmend von Bedeutung. Einmal möchte man bei der Entwicklung von VLSI-Schaltkreisen mit kurzen Schaltzeiten und scharf definierten *n*-*p*-Übergängen durch Dotierung die Ladungsträger in sehr schmale Oberflächenbänder bringen bzw. diese Verteilung kontrollieren; zum anderen ist die Verteilung von z. B. beweglichen Ladungsträgerverunreinigungen im System Isolator/Si wesentlich für die Qualität und Ausschußrate von Bauelementen.

3.1. Bestimmung der Tiefenverteilung von Dotanden

In diesem Zusammenhang haben wir die Phosphordotierung auf CVD (Chemical-Vapor-Deposition) Polysilizium näher untersucht und die Tiefenprofile, Gehaltsbestimmungen und die Homogenität der Phosphorverteilung analysiert.

Die Abb. 7 zeigt, daß eine völlig homogene Phosphorverteilung in relativ dünnen Polysiliziumschichten zu erzielen ist. Weiterhin tritt, von einem geringen Randeffekt abgesehen, kein Phosphor in die SiO_2- bzw. Si-Schicht ein.

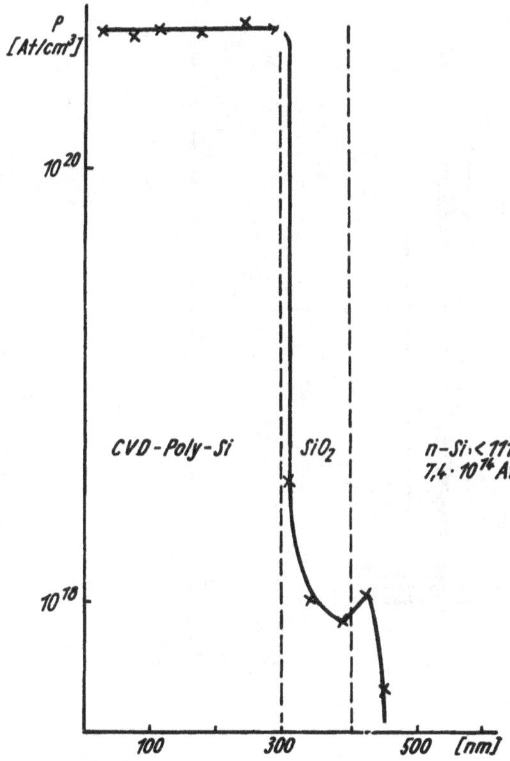

Abb. 7 Phosphorverteilung in P-dotiertem CVD-Polysilizium

Ein ähnliches Verhalten zeigt auch das auf *n*-Si aufgebrachte CVD-Oxid, das durch thermische Zersetzung von SiH_4 im Sauerstoffüberschuß bei 700 °C in Gegenwart von PH_3 erzeugt wurde. Aus der Abb. 8 ist zu entnehmen, daß sich unterschiedliche Mengen des zugegebenen Phosphor-Wasserstoffs völlig gleichartig verhalten und stets eine homogene Verteilung vorliegt. Interessant ist dabei, daß die Ätzraten mit zunehmender Ätztiefe abnehmen und in einer direkten Beziehung zum absoluten Phosphorgehalt stehen. Dieses Phänomen kann zum gegenwärtigen Zeitpunkt noch nicht hinreichend erklärt werden. Wahrscheinlich bilden sich besonders an der Grenzfläche Phosphor-Silizium-Verbindungen unbekannter Zusammensetzung.

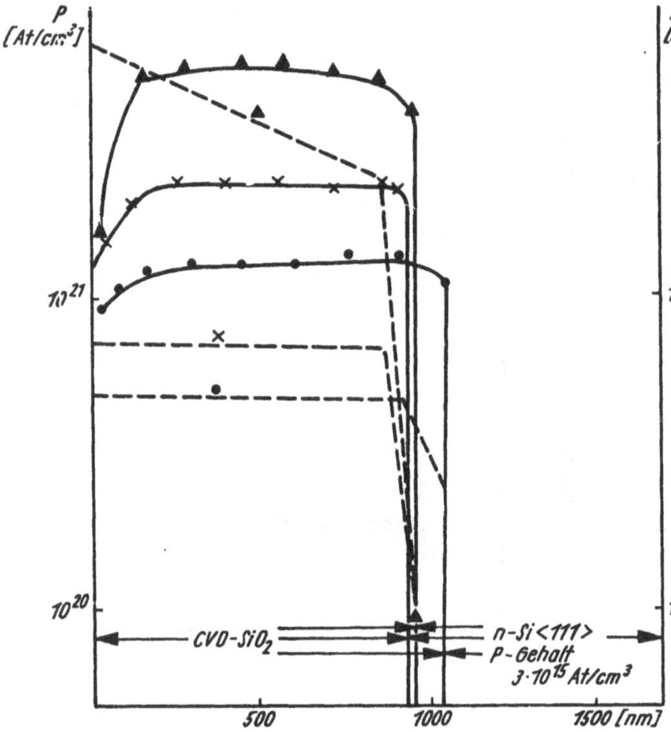

Abb. 8 Phosphorverteilung in CVD-SiO_2
● = 6,0 $cm^3 \cdot min^{-1}$
× = 11,0 $cm^3 \cdot min^{-1}$
▲ = 45,0 $cm^3 \cdot min^{-1}$ zugegebener PH_3
ausgezogene Linien = Phosphorgehalt;
gestrichelte Linien = Ätzraten

3.2. Bestimmung der Tiefenverteilung von Verunreinigungen

Alkalien, insbesondere Na, sind – als sehr bewegliche Ladungsträger – die wichtigsten Verunreinigungen, die die Qualität der HL-Bauelemente beeinflussen. Wir haben deshalb das Verhalten des Natriums in den einzelnen Technologieschritten untersucht und dabei auch Fragen der Na-Kontamination, der Na-Diffusion usw. mittels Aktivierungsanalyse und Tracermarkierung bearbeitet. Die Abb. 9 zeigt die Na-Verteilung nach einem Hochtemperaturoxydationsschritt. Die Natriumionen reichern sich in der dem Si abgewandten Seite des Oxides an und verdampfen bei Hochtemperaturprozessen zu einem erheblichen Anteil.

Bringt man im System $Si_3N_4/SiO_2/Si$ auf die äußere Nitridschicht radioaktives ^{22}Na auf und tempert bei 850 °C, dann verdampft der größte Teil des ^{22}Na, und nur ein geringer Teil befindet sich in den Randzonen des Si_3N_4. Abb. 10 zeigt, daß das Nitrid eine ausgezeichnete Schutzwirkung gegen Na-Kontaminationen von außen aufweist.

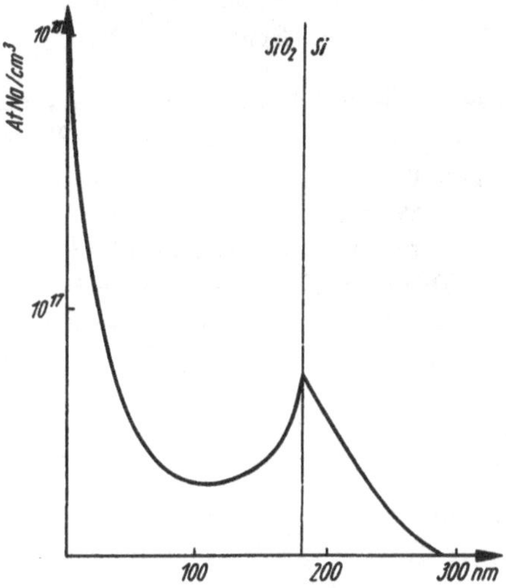

Abb. 9 Natriumverteilung im System SiO_2/Si (Gateoxydation)

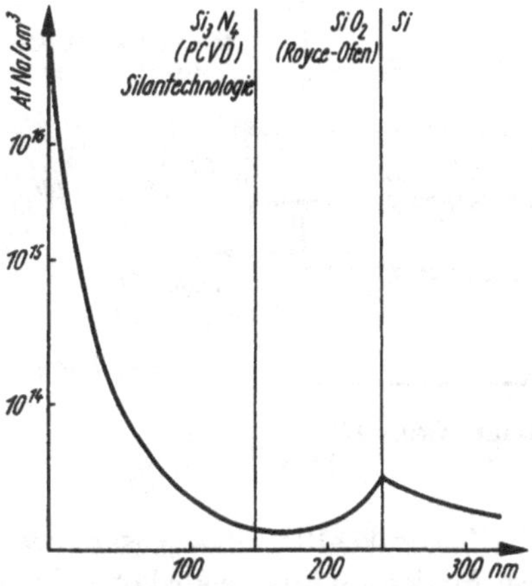

Abb. 10 Natriumverteilung im Si_3N_4 nach 30 min tempern bei 850° mit ^{22}Na-Tracer

Die Herstellung und Verarbeitung von HL-Grundmaterialien, insbesondere die Hochtemperaturoxidation und die Diffusion erfolgen in Kieselglas-Apparaturen (99,9% SiO_2). In Kieselglas ist die Na-Beweglichkeit groß, deshalb gelangen Na-Verunreinigungen durch Diffusion des Na beim Hochtemperaturprozeß aus Heiz- und Isoliermaterial durch das Kieselglasrohr auf die Scheiben. Von uns wurden solche Vorgänge eingehend untersucht und Diffusionsvorgänge an unterschiedlichen Kieselgläsern studiert [3] [4]. Verwendet wurden:

1. Herasil-Glas (aus Bergkristall in Knallgasflamme)
2. Ilmenau-Kieselglas (ebenfalls Bergkristall in Knallgasflamme)
3. Synthetisches Kieselglas aus $SiCl_4$ (Schott u. Gen. Jena).

Für die Diffusionsuntersuchungen wurden in Kieselglasformstücke Na-Ionen eindiffundiert, die Formstücke im Reaktor aktiviert. Die aktivierten Stücke wurden mit Na-freiem Kieselglas in engen Kontakt gebracht, und in einem Diffusionsofen (Abb. 11) bei Temperaturen zwischen 800 und 1400°C wurde der Diffusionsvorgang verfolgt. Die Aufnahme der Diffusionsprofile erfolgte mittels Autoradiographie senkrecht zur Diffusionsrichtung. Die Diffusionskoeffizienten wurden mittels der folgenden abgeleiteten Formeln berechnet.

$$D = 1{,}1 \frac{(x_{1/2})^2}{t}$$

D = Diffusionskoeffizient
$x_{1/2}$ = Halbwertsbreite des Diffusionsprofils
t = Diffusionszeit

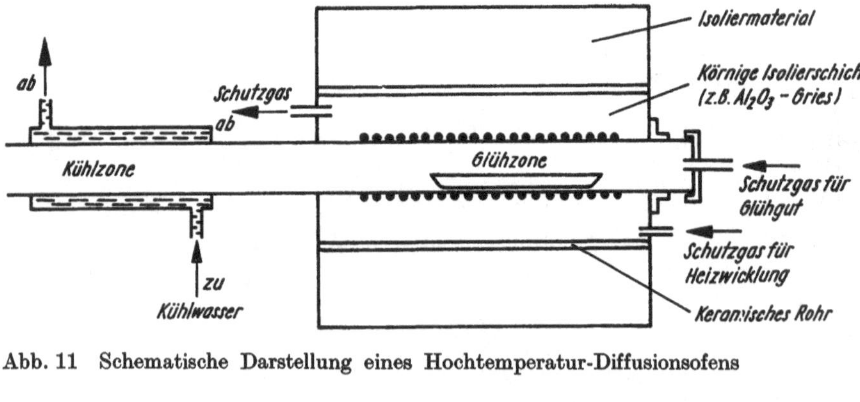

Abb. 11 Schematische Darstellung eines Hochtemperatur-Diffusionsofens

In der Tab. 4 sind die so ermittelten Diffusionskoeffizienten zusammengestellt. Diese Untersuchungen ergaben einen für feste Körper sehr hohen Diffusionskoeffizienten von 10^{-5} bis 10^{-6} cm^2 s^{-1} bei 1000°C und bestätigen die hohe Ionenbeweglichkeit des Natrium. Obwohl die Diffusionskoeffizienten in homogenen und inhomogenen Systemen sich nur wenig unterscheiden, hängen die Diffusionsprofile stark von der Kieselglassorte ab. Abb. 12 zeigt, daß Herasil ein nahezu ideales Diffusionsverhalten aufweist, während Ilmenauer Kieselglas neben homogenen Bereichen auch Diffusion entlang gelockerter Strukturhohlräume erkennen läßt.

Tabelle 4 Diffusionskoeffizienten für Natriumionen in Kieselglas [10^{-6} cm^2 · s^{-1}]

Temperatur [°C]	Herasil-Kieselglas	Ilmenauer Kieselglas Volumendiffusion
800	3,33 ± 0,16	1,50 ± 0,30
900	7,21 ± 0,43	2,42 ± 0,20
1000	11,01 ± 0,50	7,20 ± 0,43
1100	17,69 ± 3,44	12,49 ± 1,73
1200	25,44 ± 1,70	23,01 ± 1,28
1300	38,51 ± 2,50	24,25 ± 4,44
1400	37,73 ± 5,52	26,62 ± 1,44

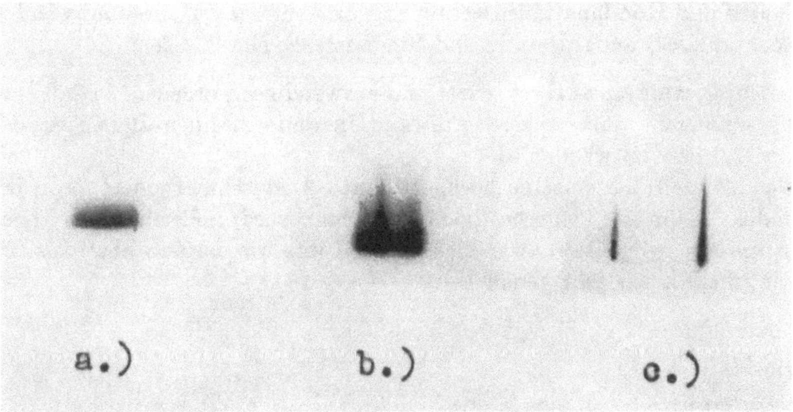

Abb. 12 Na-Diffusion in verschiedenen Kieselglassorten
a) *Herasil-Kieselglas*; Volumendiffusion (homogenes Material)
b) *Ilmenauer Kieselglas;* Volumendiffusion und Diffusion entlang innerer Oberflächen (Störstellen im Material)
c) *Synthetisches Kieselglas* SQ_2*;* Oberflächendiffusion, äußere Oberfläche

Nach FRISCHAT [5] erfolgt die Na-Diffusion in Kieselgläsern über einen Isotopenaustausch

$$^{22}Na_{Oberfl.} + {}^{23}Na_{Glas} \rightleftarrows {}^{23}Na_{Oberfl.} + {}^{22}Na_{Glas}$$

Ein solcher einfacher Isotopenaustauschmechanismus reicht nicht aus, um alle Erscheinungen ohne Widerspruch erklären zu können.

Eigene Diffusionsversuche mit ^{42}K, ^{86}Rb und ^{137}Cs ergaben, daß die Diffusion dieser Alkalien viel geringer ist als beim Natrium. Unter den für Na angewandten Bedingungen konnte überhaupt keine Diffusion festgestellt werden.

Das läßt den Schluß zu, einen Diffusionsmechanismus, der durch den Netzwerkaufbau des Kieselglases bedingt ist, zu formulieren. Wir postulierten, daß Na (0,96 Å) gerade in eine SiO_4 Strukturzelle paßt, während K (1,33 Å), Rb (147 Å) und Ca (156 Å) zu groß sind, wobei zweitrangig ist, ob der Molsiebeffekt rein sterisch bedingt ist oder auf der Polarisierbarkeit der großen Kationen beruht.

Zusammenfassend möchte ich abschließend sagen:

- Die nuklearen Analysenverfahren, die Aktivierungs- und Traceranalyse sind zur Reinheitskontrolle des HL-Basismaterials, zur Ausarbeitung, Überprüfung und Optimierung von Technologien und zur Endproduktkontrolle in der HL-Fertigung geeignet.
- Die radiochemischen Analysenverfahren sind eine nützliche Ergänzung zu den bekannten Spuren- und Oberflächenmethoden, sie sind wenig investitionsintensiv und leicht handhabbar.
- Für Spurenbestimmungen im ppb-Bereich und darunter sind Referenzmethoden und Kombinationen verschiedener Analysenverfahren notwendig, die hochpräzise Standardproben und Ringanalysen einschließen.

Das ist insgesamt ein äußerst teures und aufwendiges Vorgehen, so daß man streng sondieren muß, welcher Aufwand in den einzelnen Bereichen der HL-Produktion notwendig ist.

Verwendet man nur einzelne hochgetrimmte Analysenmethoden, dann besteht die Gefahr der Fehlerhaftigleit, und man wird vielleicht eines Tages sagen müssen, wir wissen zwar nicht genau, was wir messen, aber was wir messen, messen wir sehr genau.

Literatur

[1] MADELUNG: Chemie für Labor und Betrieb 1976 Heft 4 S. 87–90.
[2] VERHEIJKE, M. L.: Philips techn. Rdsch. **34** No. 11/12 334 (1974/75).
[3] RUDOLPH, K. P., J. FLACHOWSKY: Isotopenpraxis **15**, 1, S. 9 (1979).
[4] RUDOLPH, K. P., J. FLACHOWSKY: Isotopenpraxis **15**, 5, S. 138 (1979).
[5] FRISCHAT, G. H.: Glastechn. Ber. **45** (1972) 309.

Klaus Freyer

Neutroneninduzierte Autoradiographie und Neutronenradiographie mit ^{252}Cf

1. Einleitung

Mit dem Transuranisotop ^{252}Cf steht seit einigen Jahren kommerziell eine Hochleistungsisotopenneutronenquelle zur Verfügung, die es gestattet, auch in reaktorfernen Laboratorien nuklearanalytische Untersuchungen, die auf der Wechselwirkung mit Neutronen beruhen, durchzuführen.

Die effektive Halbwertszeit des ^{252}Cf von 2,65 a garantiert einen hinreichend langen Nutzungszeitraum. Wegen der weitgehenden Ähnlichkeit des Spaltneutronenspektrums von ^{252}Cf mit dem von ^{235}U sind für letzteres bestehende Datensammlungen auch hier verwendbar. Hohe Quellstärken von $2{,}3 \cdot 10^{12}$ n/s · g bei gleichzeitig sehr geringen Volumina und niedrige die Spontanspaltung begleitende γ-Dosen von etwa 1 μC/kg · h bezogen auf $10^8\, n \cdot s^{-1}$ stellen weitere Vorteile des ^{252}Cf gegenüber anderen bislang genutzten (γ, n)- bzw. (α, n)-Quellen dar. Damit sind in der Praxis ^{252}Cf-Punktquellen mit Quellstärken im Bereich von 10^9 bis $10^{11}\, n \cdot s^{-1}$ realisierbar. Nur erforderliche kleine und leichte Abschirmungen und Moderatoren erlauben, transportable ^{252}Cf-Bestrahlungseinrichtungen zu schaffen.

Derzeit werden ^{252}Cf-Quellen von 1 bis 10 mg (Extremwerte bis zu 100 mg) genutzt. Im ZfI Leipzig wurde 1974 eine 1 mg-^{252}Cf-Neutronenquelle installiert. Ihre Haupteinsatzgebiete sind die *neutroneninduzierte Autoradiographie* sowie in letzter Zeit erste Untersuchungen zur *Neutronenradiographie* mit thermischen Neutronen. Beide Verfahren waren bisher wegen der hohen erforderlichen Neutronenfluenzen fast ausschließlich an Bestrahlungsmöglichkeiten an Kernreaktoren gebunden. Im folgenden sollen die genannte ^{252}Cf-Bestrahlungseinrichtung und einige Erfahrungen bei ihrem Einsatz für o.g. Verfahren vorgestellt werden.

2. ^{252}Cf-Bestrahlungseinrichtung

Abb. 1 zeigt in schematischer Form den Moderatortank mit den Bestrahlungskanälen. Es handelt sich um ein achteckiges V2A-Gefäß, das in einem Zentralrohr die ^{252}Cf-Quelle mit einem Volumen von etwa 1 cm^3 und in

3 Ebenen 24 Horizontalkanäle mit Durchmessern bis zu 100 mm enthält. Als Moderatorsubstanz dient eine Schichtung aus H_2O und D_2O, die zu geringeren Flußdichtegradienten in horizontaler Richtung führt. Die maximalen Flüsse an thermischen Neutronen betragen in Quellennähe etwa $10^7\ n_{th} \cdot cm^{-2} \cdot s^{-1}$,

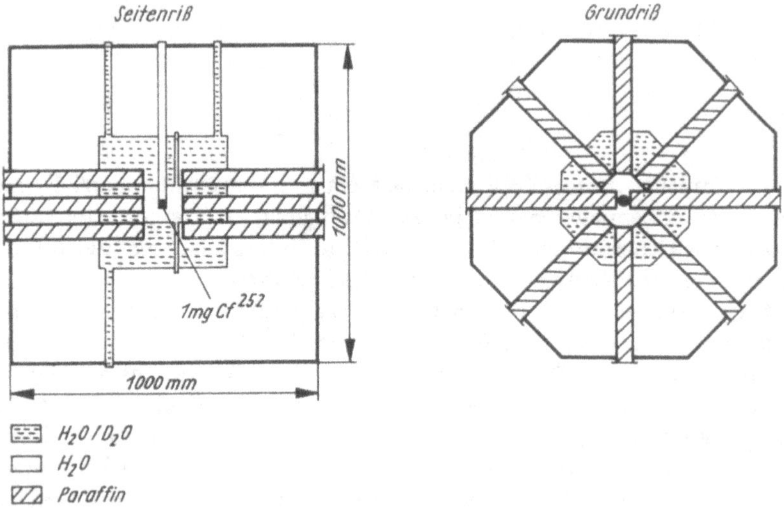

Abb. 1 Aufbau der ^{252}Cf-Bestrahlungseinrichtung (schematisch)

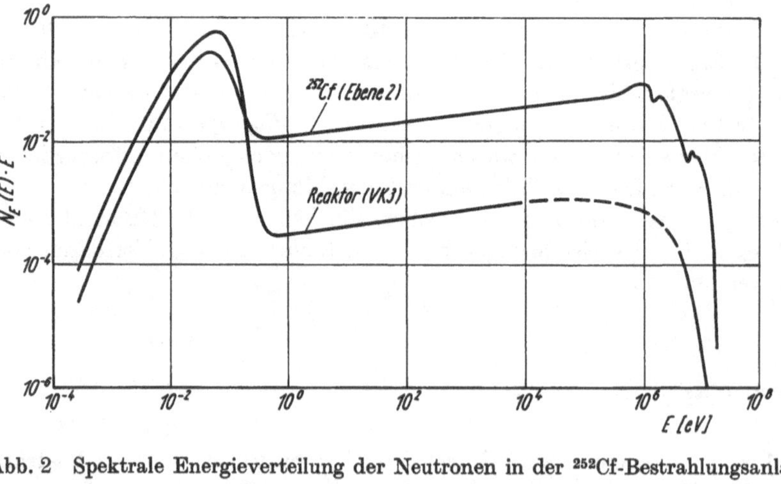

Abb. 2 Spektrale Energieverteilung der Neutronen in der ^{252}Cf-Bestrahlungsanlage und in einem für neutroneninduzierte Autoradiographie geeigneten Kanal des Forschungsreaktors im ZfK Rossendorf

an den Kanalausgängen etwa $10^4\ n_{th} \cdot cm^{-2} \cdot s^{-1}$. Damit sind in Zeiträumen bis zu 30 *d* Neutronenfluenzen von etwa $10^{13}\ n_{th}\ cm^{-2}$ zu erzielen. In Abb. 2 sind vergleichend die spektralen Energieverteilungen der Neutronen in der ^{252}Cf-Quelle und in einem für die neutroneninduzierte Autoradiographie geeigneten Kanal des Forschungsreaktors des ZfK Rossendorf, dem Kanal VK 3, dargestellt. Wie die Spektren zeigen und weitere Messungen ergaben [1], ist in der ^{252}Cf-Anlage nur ein Cd-Verhältnis von etwa 8 bis 10 zu erreichen gegenüber Werten von über 100 in Kernreaktoren. Von besonderem Vorteil für die neutroneninduzierte Autoradiographie ist die mit ^{252}Cf-Quellen leicht realisierbare Bestrahlung großer Proben und die praktisch problemlos erreichbare hohe Reproduzierbarkeit ($<1\%$) vorwählbarer Neutronenfluenzen bei beliebig gestaltbarem Zeitregime der Bestrahlungen [2].

3. *Neutroneninduzierte Autoradiographie* (*NIAR*)

Autoradiographische Verfahren liefern im Rahmen des tracertechnischen Methodenkomplexes auf einfache Weise unter Nutzung von Radionukliden elementspezifische Abbildungen der lateralen Verteilung von Substanzen. Für einige Elemente wie B, N, Li, O, Al oder U existieren keine für tracertechnische Zwecke geeigneten Radionuklide. Ihre autoradiographische Abbildung wird möglich über induzierte Kernreaktionen, z.B. vom Typ (n, α), (n, p) oder (n, f) mit Hilfe thermischer Neutronen. Zur Abbildung werden die Proben in engem Kontakt mit geeigneten flächenhaften Detektoren – im allgemeinen Festkörperspurdetektoren – im thermischen Neutronenfeld bestrahlt. Die induzierten Alphateilchen, Protonen oder Spaltbruchstücke erzeugen im Festkörperspurdetektor Spuren, die durch Ätzen in Alkalilaugen optisch sichtbar werden und deren Anzahl pro Flächeneinheit – die Spurdichte – ein Maß für die örtliche Elementkonzentration ist.

Von besonderem Interesse ist die Bestimmung von Verteilung und Konzentration der Elemente Bor und Stickstoff z.B. auf dem Gebiet der Halbleitertechnologie, der Werkstoffwissenschaften und der Biowissenschaften.

Das Element *Bor* kann über die bei der Reaktion $^{10}B(n, \alpha)^7Li$ emittierten Alphateilchen nachgewiesen werden. In Tab. 1 sind die Leistungsparameter der NIAR mit ^{252}Cf am Beispiel der Bestimmung von Bor in Silizium unter Verwendung von Polycarbonat-Festkörperspurdetektoren zusammengestellt. Bei standardisierten Bestrahlungs- und Ätzbedingungen lassen sich mit PC-Detektoren Borgehalte absolut bis herab zu 1 ppm (entspricht etwa 10^{16} At $B \cdot cm^{-3}$) mit einer Genauigkeit von $\pm 20\%$ bestimmen. Das erreichbare örtliche Auflösungsvermögen liegt derzeit bei etwa 5 µm, wie aus Abb. 3 im Autoradiogramm der Borverteilung in integrierten Schaltkreisen deutlich wird. Beispiele für die Untersuchung großflächiger lateraler Borverteilungen zeigen die Abb. 4 (Bordiffusion in Walzstahl bei thermischer Behandlung [3]) und Abb. 5 (inhomogene Borverteilung in Si nach Diffusion).

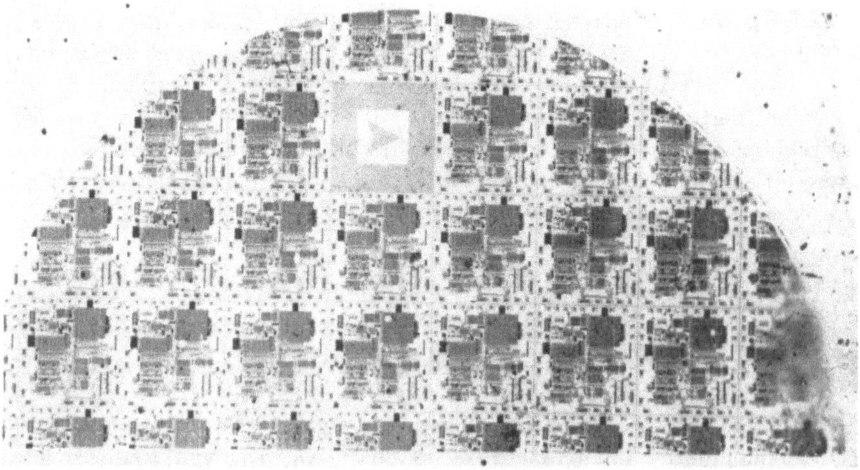

Abb. 3 Autoradiogramm der Borverteilung in integrierten Schaltkreisen
a) Übersichtsaufnahme

b) Vergrößerter Ausschnitt; die Stegbreiten betragen 8 μm

Tabelle 1 Leistungsparameter der NIAR mit ^{252}Cf für die Bestimmung von Bor in Silizium

Bestrahlung:	– 1 mg-^{252}Cf-Neutronenquelle mit $\varphi_{therm} = (2{,}1 \cdot 10^6 \pm 12\%)\ n_{th}\ cm^{-2}\ s^{-1}$ und $\varphi_{schnell} = (2{,}7 \cdot 10^5 \pm 30\%)\ n_s\ cm^{-2}\ s^{-1}$ – Cd-Verhältnis etwa 8 – Neutronenfluenz: $5 \cdot 10^8 \ldots 10^{12}\ n_{th}\ cm^{-2}$ ($\triangleq 10 \pm 1\%$ min bis 10 d Expositionszeit)
Detektor:	Makrofol *E* (Polycarbonat)
Untere Nachweisgrenze:	1 ppm (entspricht etwa 10^{16} At · B cm^{-3})
Genauigkeit:	$\pm$ 20%
Laterales Auflösungsvermögen:	$\geqq 5\ \mu m$
Meßfeld:	$\geqq 10\ \mu m^2$, beliebig

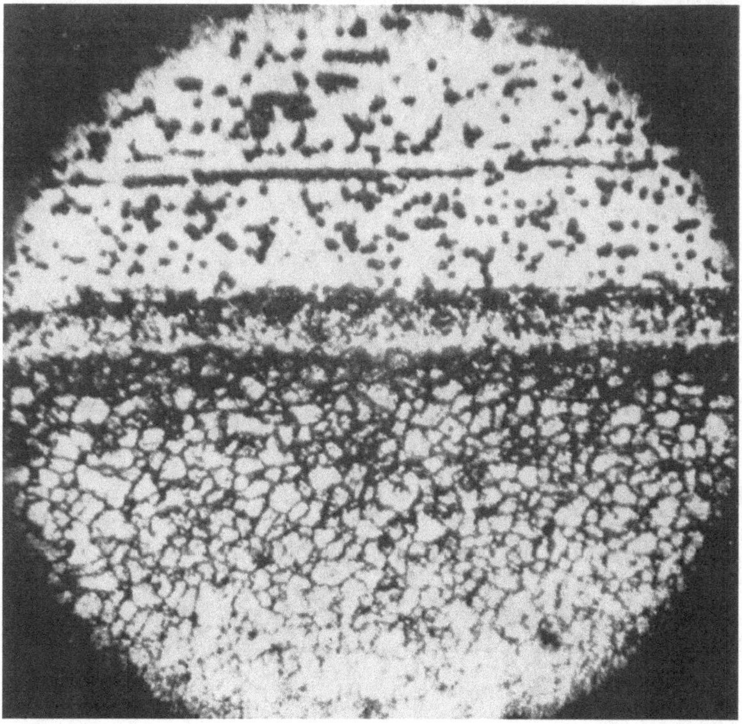

Abb. 4 Borverteilung in Walzstahl (Vergr. 6fach)

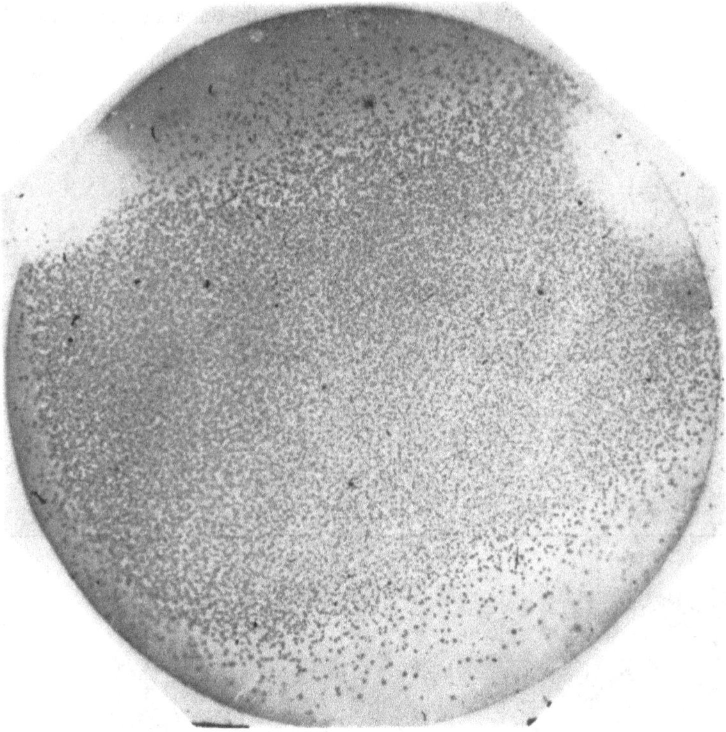

Abb. 5 Inhomogene Borverteilung in Si nach Diffusion (Scheibendurchmesser 30 mm)

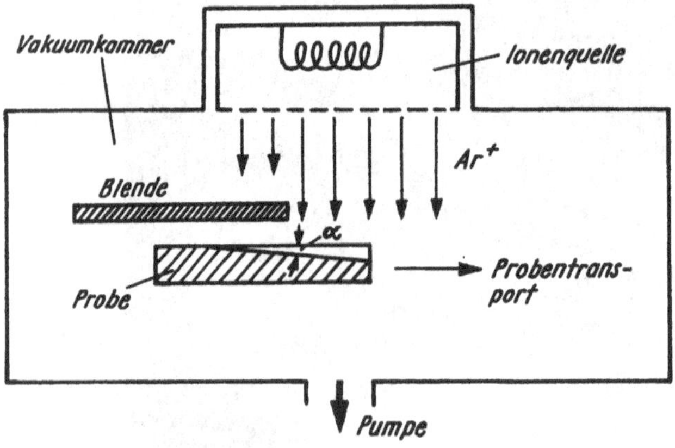

Abb. 6 Anordnung zum Ionenstrahlätzen von Schrägschliffen (schematisch)

Mit besonderen Präparationstechniken, z. B. durch Anbringen von Kugel- oder Schrägschliffen, gelingt es auch, Bor-Tiefenprofile aufzunehmen. So lassen sich mit einem im ZfI Leipzig entwickelten Verfahren durch Ionenstrahlätzung Schrägschliffe in Festkörpern mit Neigungswinkeln bis herab zu $10^{-4°}$ anfertigen (Abb. 6) [4]. Auf diese Weise wird eine Profilstreckung bis um den Faktor $5 \cdot 10^4$ erreicht. Damit können mit Hilfe der NIAR auch Bor-Tiefenprofile an Implantationsverteilungen aufgenommen werden [5].

Abb. 7 zeigt das Autoradiogramm eines auf die beschriebene Weise freigelegten B-Implantationsprofils in Si. Der Spurdichteverlauf und das daraus

Abb. 7 Festkörperspurautoradiogramm eines B-Implantationsprofils

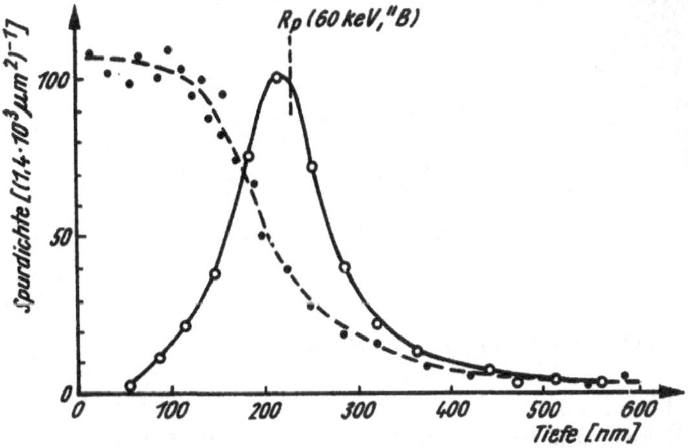

Abb. 8 Spurdichteverlauf (- - -) im Autoradiogramm und daraus berechnetes Bor-Implantationsprofil (———) in einer 60 keV B-implantierten Si-Scheibe

berechnete Implantationsprofil für eine Implantationsenergie von 60 keV sind in Abb. 8 wiedergegeben. Das erreichbare Tiefenauflösungdvermögen liegt bei optimaler Schrägschlifflage nach bisherigen Ergebnissen bei etwa 100 Å.

Der Nachweis von *Stickstoff* erfolgt über die Reaktion $^{14}N(n, p)\,^{14}C$. Zur Detektion der dabei frei werdenden 585 keV-Protonen sind bislang zur Zellulosenitrat-Festkörperspurdetektoren mit hinreichender Empfindlichkeit geeignet. Damit liegt die untere Nachweisgrenze für N wegen des Stickstoffgehaltes im Detektor derzeit bei etwa 10^{21} At N · cm^{-3} [6]. Als Beispiel zeigt Abb. 9, das Autoradiogramm der N-Verteilung in einem nitrierten Stahl [3]. Man erkennt eine stickstoffreiche Oberflächenschicht von etwa 60 μm Dicke.

Wegen der extrem unterschiedlichen Wirkungsquerschnitte von ^{14}N und ^{15}N für thermische Neutronen von 1,82 b bzw. 2,5 mb sind mit der NIAR Möglichkeiten für Stofftransportuntersuchungen mit ^{15}N als stabilem Tracer gegeben [7].

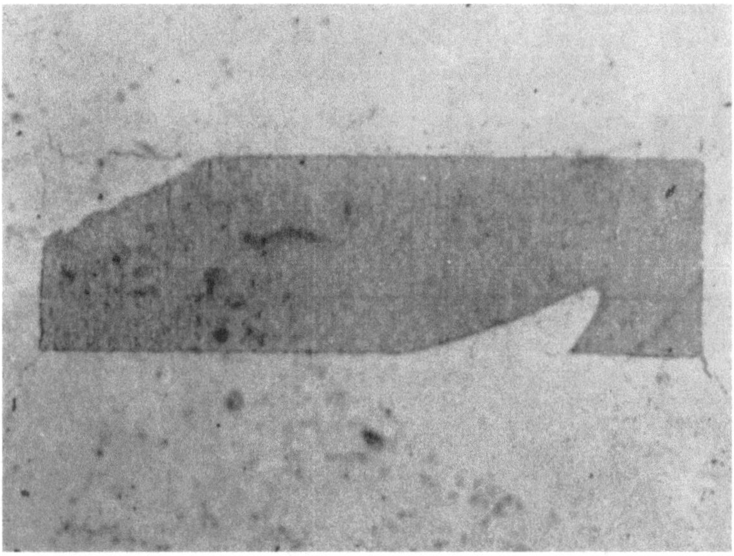

Abb. 9 Stickstoffverteilung in Stahl (Vergr. 6fach)

4. Neutronenradiographie mit thermischen Neutronen

Abb. 10 zeigt die Schwächungskoeffizienten der Elemente für Röntgenstrahlung (hier 125 keV) und für thermische Neutronen. Als eine Spezifik ist erkennbar, daß leichte Elemente wie H, B und Li und deren Verbindungen bei Neutronendurchstrahlung höhere radiographische Kontraste im Vergleich mit anderen defektoskopischen Methoden erzeugen. Damit sind mit Hilfe der Neutronenradiographie insbesondere leichte Elemente in einer schweren Matrix gut darstellbar.

Eine typische „Neutronen-Kamera“ - hier als eine Reaktoranordnung - zeigt Abb. 11.

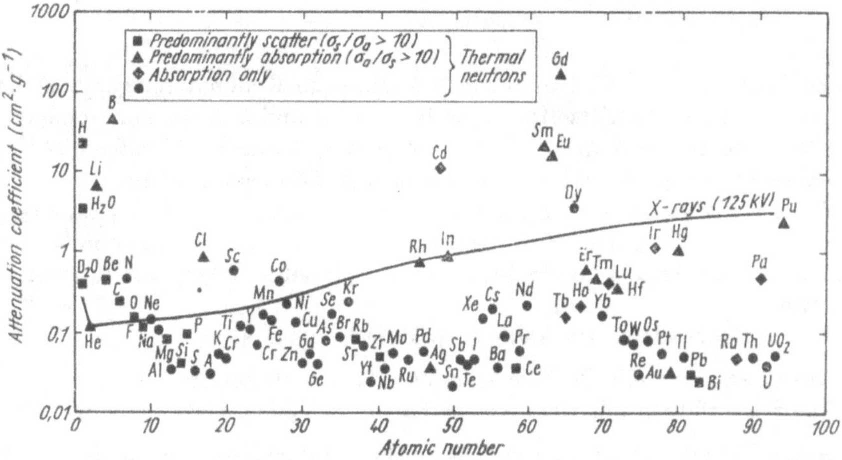

Abb. 10 Schwächungskoeffizienten für Röntgenstrahlung (125 keV) und thermische Neutronen

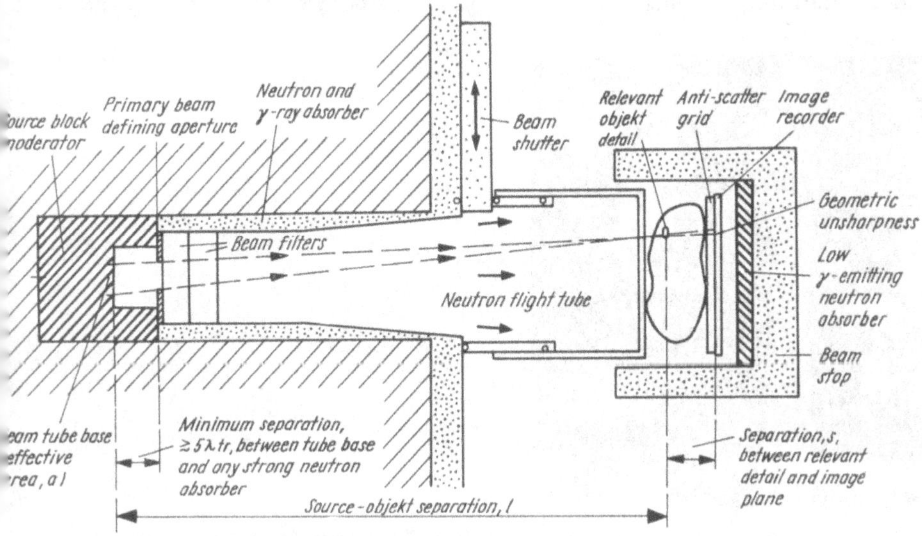

Abb. 11 Prinzipieller Aufbau einer Anordnung zur Neutronenradiographie [8]

Um eine hohe Abbildungsgüte zu erreichen, muß eine Strahlkollimierung erfolgen. Die Dimensionierung geeigneter Kollimatoren stellt stets einen Kompromiß zwischen der Empfindlichkeit (Expositionszeit) und dem lateralen Auflösungsvermögen dar. Die Strahlungsintensität I (E) in der Detektorebene wird näherungsweise durch

$$I(E) = \frac{\varphi(E) \cdot D^2}{16\, L^2} \quad \text{beschrieben.}$$

Dabei bedeuten $\varphi(E)$ die Strahlungsflußdichte am Kollimatoreingang, D den Durchmesser der Eintrittsöffnung am Kollimator und L die Kollimatorlänge.

Kleine Verhältnisse L/D bedeuten hohe Empfindlichkeit, große L/D-Verhältnisse führen zu Abbildungen mit hohem Auflösungsvermögen.

Zur Erzeugung kontrastreicher Abbildungen sind in der Detektorebene mindestens 10^6 Ereignisse pro cm^2 erforderlich. Danach wurde für eine Neutronenkamera an einer 1 mg-^{252}Cf-Quelle ein optimales L/D-Verhältnis von 15 ermittelt.

Zur Neutronendetektion kommen praktisch nur das

- Direktverfahren mit Gd-Konverterfolie (25 µm Dicke) und das
- Transferverfahren mit einer aktivierbaren Dy-Folie (Dicke 100 µm)

in Frage. Bei einem verfügbaren Fluß an thermischen Neutronen in der Detektionsebene von $5 \cdot 10^3\ n_{th} \cdot cm^{-2} \cdot s^{-1}$ und unter Verwendung von ORWO TF 14 zur Bildaufzeichnung ergaben sich Bestrahlungszeiten von etwa 200 min für die Gd-Technik und von 12 h bei Verwendung von Dy-Folien. Das erreichbare laterale Auflösungsvermögen beträgt 400 µm (bei einer Objektdicke von 2 mm).

Abb. 12 Neutronenradiogramm von wassergefüllten Bleirohren (Innendurchmesser 7 mm; Wandstärke 2 mm) mit Luftblasen (dunkel dargestellt)

Der Einsatz von Festkörperspurdetektoren mit Konverterschichten zur Bildaufzeichnung ist wegen erforderlicher Bestrahlungszeiten von etwa 40 d nicht praktikabel.

Als Beispiel für den praktischen Einsatz der Neutronenradiographie mit ^{252}Cf sind in den Abb. 12 und 13 Neutronenradiogramme von flüssigkeitsgefüllten Metallrohren mit Luftblasen bzw. von Bauteilen aus Kunststoff wiedergegeben.

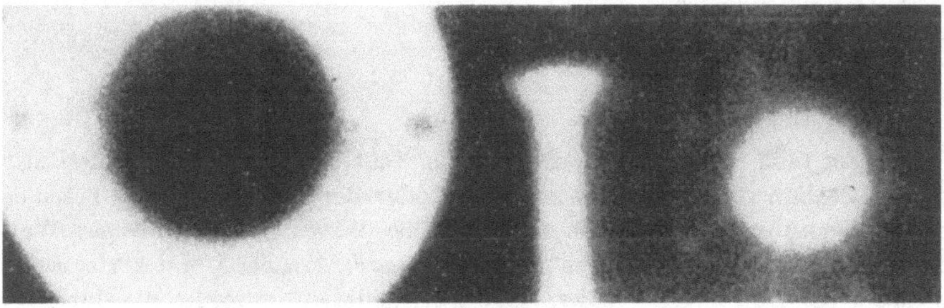

Abb. 13 Neutronenradiogramm von Kunststoffbauteilen

5. *Schlußbemerkungen*

Wie die experimentellen Erfahrungen zeigen, können ^{252}Cf-Neutronenquellen in der vorgestellten Größenordnung erfolgreich für die neutroneninduzierte Autoradiographie und die Neutronenradiographie eingesetzt werden. ^{252}Cf-Quellen werden in den nächsten Jahren in zunehmendem Maße kommerziell verfügbar sein. Ihr Betrieb erfordert nur geringen Bauaufwand. Bei geeigneter Dimensionierung sind sie leicht transportabel. Das eröffnet zukünftig neue Möglichkeiten für den Einsatz nuklearanalytischer Verfahren unter Nutzung von Neutronen z.B. auch direkt in der Industrie.

Literatur

[1] Streubel, G., K. Freyer, H.-Ch. Treutler, W. Birkholz: Isotopenpraxis (in Vorbereitung).

[2] Freyer, K., H.-Ch. Treutler, G. Somogyi, Zs. Varga: J. Radioanal. Chem. **56** (1980) 113–121.

[3] Freyer, K., F. Myšak, H.-Ch. Treutler, M. Krejči: Nukleonika, **25** (1980) 1315-1320.

[4] Bardo, T., F. Bigl, A. Schindler, R. Fechner: Verfahren zur Herstellung von Schrägschliffen, Patentschrift WP 138589, DDR, 1979.

[5] Freyer, K., H.-Ch. Treutler, F. Bigl, J. Flachowsky: Verfahren zur Bestimmung von Substanztiefenprofilen in dünnen Schichten, Patentschrift WP 145 795, DDR, 1981.

[6] Freyer, K., W. Birkholz, H.-Ch. Treutler, M. Wolff: Isotopenpraxis **14** (1978) 219–222.

[7] Leonhardt, J. W., u. a.: IAEA-SM-227/72, Vienna 1979.

[8] Hawkesworth, M. R.: Atomic Energy Review **15** (1977) 169–220.

Klaus Günther

Biophysikalische Aspekte der Wirksamkeit schneller Neutronen

1. Einführung

Seitdem man in der Lage war, schnelle Neutronen zu erzeugen, und zwar durch Beschuß von Deuterium-, Lithium- oder Berylliumtargets mit beschleunigten Deuteronen, wurde deren biologische Wirkung in vielfältiger Weise studiert. Dafür gab und gibt es mehrere Gründe. Zunächst, in der klassischen Strahlenbiologie gegen Ende der 30er Jahre, bildeten Neutronen die einzig verfügbare dichtionisierende Strahlung neben natürlicher Alphastrahlung, die aber eine für viele Zwecke zu geringe Eindringtiefe in Materie besitzt. Wenn die geladenen Teilchen, die die eigentliche Ursache der biologischen Wirkung darstellen, im Falle der Neutronenstrahlung also die durch Streuung und Kernreaktionen erzeugten Sekundärteilchen (Abb. 1), entlang ihrer Spuren in Materie sehr viel mehr Ionisationen pro Längeneinheit auslösen, als es Elektronen tun, so spricht man von dichtionisierender Strahlung. Neutronen boten somit eine einzigartige Möglichkeit, die Änderung der biologischen Wirksamkeit mit der Ionisationsdichte experimentell zu untersuchen, was von grundlegender Bedeutung für das Verständnis der Mechanismen der Strahlenwirkung überhaupt war und auch heute noch ist. Aus dieser frühen Phase der strahlenbiologischen Anwendung von Neutronen zeigt Abb. 2 charakteristische Beispiele.

Die Abbildung enthält Ergebnisse mehrerer Autoren, und zwar jeweils in Gegenüberstellung von Röntgenstrahlen und Neutronen. Es handelt sich um die Erzeugung von Chromosomenaberrationen verschiedener Art in Mikrosporen von Tradescantia und in Samenzellen der Taufliege (Drosophila). Die auf der linken Seite gezeigten Chromatid- und Chromosomenbrüche verhalten sich linear mit der Dosis, so daß die höhere Effektivität der Neutronen einfach in einem steileren Anstieg ihren Ausdruck findet. Auf der rechten Seite hingegen, die sich auf sogenannte Zweitrefferaberrationen bezieht, ändert sich auch die Kurvenform. Das bedeutet, daß die relative biologische Wirksamkeit der Neutronen nicht mehr einfach durch einen konstanten Faktor gekennzeichnet werden kann.

An dieser Stelle sei die genaue Definition der relativen biologischen Wirksamkeit – abgekürzt RBW – eingeflochten, da im folgenden hauptsächlich von dieser Größe die Rede sein wird. Der RBW-Faktor ist das Verhältnis zweier

Dosen, nämlich der Röntgenstrahlendosis und der Dosis der betreffenden Strahlung, die das gleiche Ausmaß eines betrachteten biologischen Effekts bewirken:

$$\mathrm{RBW} = \frac{D_X}{D}. \tag{1}$$

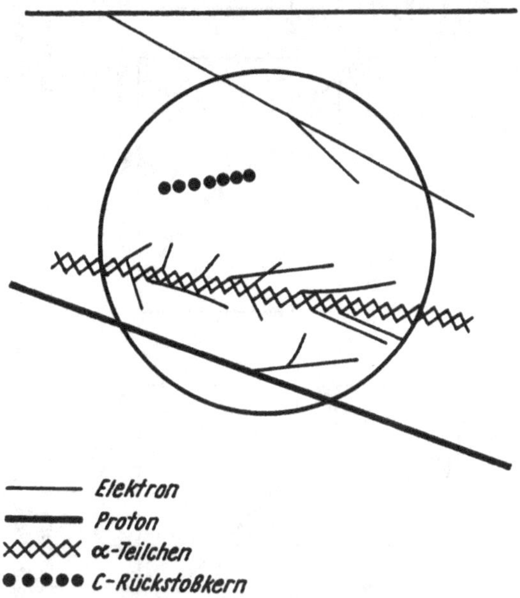

Abb. 1 Zellkern mit Spuren von Sekundärteilchen unterschiedlicher Ionisationsdichte im Neutronenstrahlungsfeld (schematische Darstellung, entnommen aus [13])

Aufgrund der unterschiedlichen Kurvenformen bei den auf der rechten Seite von Abb. 2 gezeigten Beispielen hängt in diesen Fällen die RBW der Neutronen vom Effektniveau ab; sie wird am größten bei kleinem Effekt, also bei geringen Strahlendosen. Ein solches Verhalten ist auch charakteristisch für das Zellüberleben oder die Gewebeschädigung bei Säugetieren. Andererseits gibt es Fälle, wo die RBW konstant ist (linke Seite von Abb. 2), und sie ist auch nicht immer größer als eins. Zum Beispiel bei der Inaktivierung von Viren, Bakteriophagen und z.T. Bakterien sowie bei der Erzeugung von Punktmutationen sind Neutronen weniger wirksam als Röntgenstrahlen. Weiterhin hängt die RBW natürlich von der Neutronenenergie ab, wie in Abb. 2 rechts im Feld B zu sehen ist (die Kurven d und e beziehen sich auf verschiedene Neutronenenergien).

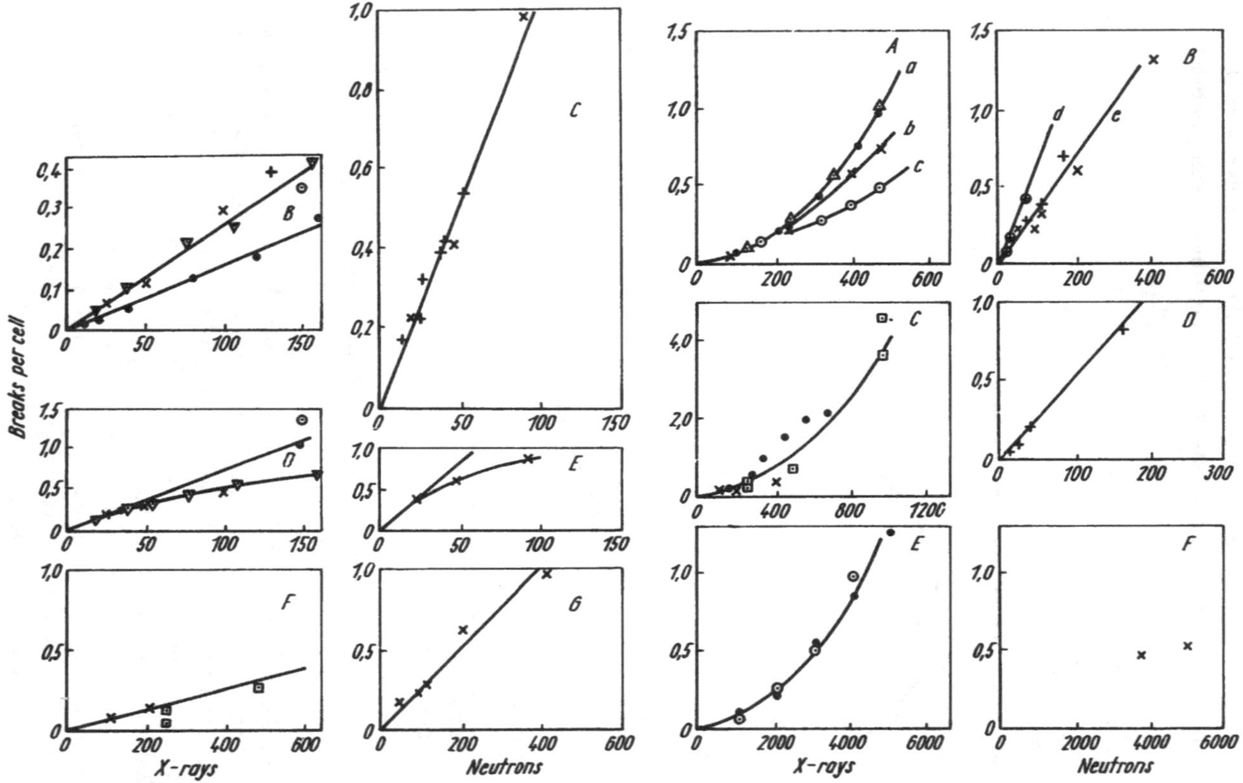

Abb. 2 Dosis-Wirkungs-Kurven für die Erzeugung von Chromosomenaberrationen verschiedener Art und in verschiedenen Organismen durch Neutronen- und Röntgenstrahlen (entnommen aus [22]); Abszissenwerte der Dosis in der Einheit Röntgen

Während es also aus dem Blickwinkel der strahlenbiologischen Grundlagenforschung vor allem bestrahlungstechnische Vorteile sind, die den Einsatz von schnellen Neutronen gegenüber anderen dichtionisierenden Strahlungen rechtfertigen, gibt es andererseits ganz praktische Gründe für das besondere Interesse an der biologischen Wirksamkeit von Neutronen. Bedingt durch die Entwicklung der Kerntechnik, hat man es im Strahlenschutz hauptsächlich mit Neutronen als *dicht* ionisierender Strahlung zu tun, und die ganze Problematik der Äquivalenzdosen wurde im wesentlichen für Neutronen betrachtet. Schließlich ist in diesem Zusammenhang die medizinische Anwendung schneller Neutronen zur Strahlentherapie des Krebses zu nennen, worauf in Abschnitt 5 hinsichtlich der RBW-Problematik etwas genauer eingegangen wird.

Es sei aber an dieser Stelle bereits erwähnt, daß frühe Versuche einer Neutronentherapie in den Jahren 1938 bis 1942 vor allem deshalb zu einem Mißerfolg wurden, weil man noch zu wenig über die RBW wußte. Die zugrunde gelegten RBW-Faktoren, die mit hohen Einzeldosen experimentell ermittelt worden waren, sind aus heutiger Sicht zu klein gewesen für die angewandte fraktionierte Neutronenbehandlung mit kleinen Dosen pro Fraktion [11]. Überdosierung mit dem Ergebnis schwerer Nekrosen war die Folge.

Wie die wenigen erwähnten Beispiele andeuten, ist die biologische Wirksamkeit von Neutronen eine sehr komplexe, von vielen Faktoren abhängige Größe, die nicht nur einen Schlüssel zum besseren Verständnis der Mechanismen der Strahlenwirkung überhaupt darstellt, sondern deren Beherrschung auch für die Praxis von großer Bedeutung ist. Um aber zu einem prinzipiellen Verständnis einschließlich der quantitativen Vorhersagbarkeit im Einzelfall zu gelangen, ist ein echt biophysikalisches Herangehen letztlich unerläßlich. Dennoch hat es, bedingt vor allem durch die Erfordernisse des Strahlenschutzes, nicht an Versuchen gefehlt, so etwas wie eine „biologische Qualität" von Strahlungen an sich zu postulieren, d. h. einen generellen rein physikalisch erfaßbaren Parameter zu finden, dessen Wert bzw. Spektrum für eine gegebene Strahlung die Strahlenqualität als solche hinreichend determiniert, und zwar unabhängig vom speziell betrachteten biologischen Effekt. Diese Problematik soll zunächst etwas eingehender erörtert werden.

2. *Aspekte der Strahlenqualität*

Grundlegend ist in gewissem Sinne bis heute das LET-Konzept. Unter LET, der Abkürzung für „linearer Energietransfer", versteht man die lokale Energieabgabe pro Weglänge geladener Teilchen in Materie:

$$L = \frac{\mathrm{d}E}{\mathrm{d}x}\,. \tag{2}$$

Betrachtet man monoenergetische Ionenstrahlen aus Beschleunigern (z.B. Protonen, Alphateilchen, schwere Ionen), so kann man diesen einen einzigen LET-Wert zuordnen, sofern man Deltaspuren zur Primärspur gehörig und nicht als selbständige Teilchen ansieht (Abb. 3, a). Im allgemeinen jedoch ist eine Strahlung durch ein LET-Spektrum charakterisiert. Das gilt ganz besonders für Neutronen (Abb. 3, b). Den größten Teil der Sekundarien in biologischem Gewebe bilden elastisch gestreute Wasserstoffkerne, also Protonen, die aber keinen einheitlichen LET besitzen - erstens weil sich ihre Startenergie zwischen null und der Neutronenenergie bewegt, und zweitens weil sie bis auf null abgebremst werden, also ein variierender LET schon entlang einer einzigen Spur auftritt. Hinzu kommen schwere Rückstoßkerne sowie energiereiche Produkte aus Kernreaktionen, vor allem Alphateilchen der (n, α)-Reaktion.

Faßt man nun allgemeine experimentelle Erfahrungen dahin gehend zusammen, daß die Effektivität einer Strahlung gerade mit der Energiedichte in den Teilchenspuren zusammenhängt, so sollte die RBW als ein Funktional des

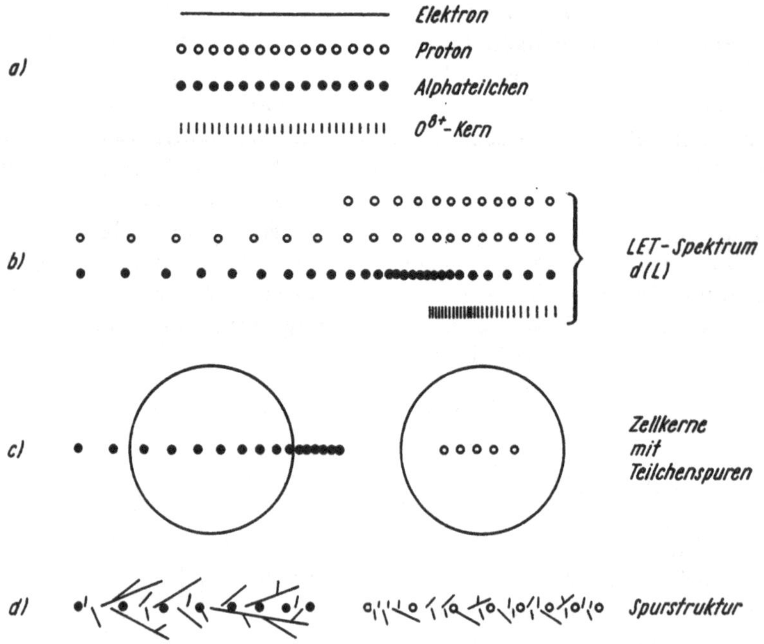

Abb. 3 Zur Erläuterung des LET-Konzepts der Strahlenqualität. Teilchenspuren schematisch dargestellt durch Symbolketten, deren Dichte den LET veranschaulicht

LET-Spektrums darstellbar sein, am einfachsten in der Form

$$\text{RBW} = \int d(L)\, R(L)\, \mathrm{d}L, \tag{3}$$

wobei $R(L)$ die charakteristische RBW-LET-Beziehung für den betrachteten Effekt wäre.

Ohne auf Einzelheiten näher einzugehen - dieser Ansatz bietet keine geeignete Grundlage für eine RBW-Theorie. Dennoch wird eine analoge Beziehung gemäß ICRP-Empfehlung im Strahlenschutz zur Ermittlung des sogenannten Qualitätsfaktors von Hoch-LET-Strahlungen benutzt, und zwar mit gewisser Berechtigung, denn erstens sind dabei die entsprechenden Dosen im allgemeinen so klein, daß die in Gl. (3) zum Ausdruck kommende reine Additivität der Wirkung verschiedener Strahlungskomponenten auf zellulärer Ebene näherungsweise zutrifft, und zweitens handelt es sich ja gar nicht um die relative biologische Wirksamkeit für einen bestimmten Effekt, der dann noch zu quantifizieren wäre, sondern um eine Abschätzung des relativen Gesamtrisikos einer gegebenen Strahlung für den Menschen. Es sei erwähnt, daß der empfohlene Qualitätsfaktor von eins beginnend mit wachsendem LET bis auf den Wert 20 ansteigt.

Was aber das LET-Konzept als solches betrifft, d.h. ganz abgesehen von Gl. (3), die zusätzliche Annahmen impliziert, so hat Bewley [5] vor mehr als zehn Jahren dessen Tragfähigkeit dadurch voraussetzungsfrei geprüft, daß er von gemessenen Dosis-Effekt-Kurven für das Überleben kultivierter menschlicher Zellen für eine Reihe einzelner LET-Werte, die mit monoenergetischen Ionen realisiert worden waren, ausging. Die adäquate Synthese dieser Überlebenskurven gemäß den LET-Spektren verschiedener Neutronenstrahlungen lieferte hypothetische Neutronen-Überlebenskurven, die mit experimentellen zu vergleichen waren. Es ergab sich keinerlei Übereinstimmung, was gegen das LET-Konzept schlechthin spricht.

Für das weitere ist es wichtig, die Gründe der Unzulänglichkeit zu erläutern. Es sind vor allem zwei. Erstens haben verschiedene Teilchen von gleichem LET unterschiedliche Reichweiten, was im LET-Spektrum keinen Ausdruck findet. In Bereichen von der Größenordnung des Zellkerns können daher verschiedene Teilchen trotz gleichen LET's unterschiedliche Energiemengen deponieren. Gerade im Neutronenstrahlungsfeld ist dies kritisch, da Rückstoßprotonen mit hohem LET - in *dieser* Hinsicht Alphateilchen vergleichbar - den Zellkern nicht voll durchqueren können (Abb. 3, c). Das Problem läßt sich verdeutlichen, indem man feststellt, daß das LET-Spektrum eigentlich nur das beschreibt, was übrigbliebe, wenn man alle Teilchenspuren in kleine Stückchen „zerhacken" und diese „durcheinanderwirbeln" würde. Damit der so bedingte Informationsverlust keine Rolle spielt, müßten die Zellbereiche, auf die es ankommt, klein im Vergleich zur Bruchstücklänge sein - eine Frage, deren Beantwortung biophysikalische Einsichten erfordert. Nun ist es aber ohnehin so, daß das zweite Handikap des LET-Konzepts gerade große Bereiche verlangt.

Verschiedene geladene Teilchen mit gleichem LET weisen nämlich außerdem eine unterschiedliche Mikrostruktur ihrer Spuren auf; die Energieverteilung der ausgelösten Deltaelektronen oder, wie man auch sagen kann, die radiale Ausdehnung der Spuren ist verschieden (Abb. 3, d). Wenn das keine Rolle spielen sollte, müßten die kritischen Bereiche möglichst groß sein. In Wirklichkeit sind sogar beide Probleme gleichzeitig von Bedeutung, da es, wie man heute mit Sicherheit sagen kann, auf die Energiekonzentrationen sowohl im Zellkern insgesamt als auch in submikroskopischen Bereichen ankommt.

Allgemein ist also festzustellen, daß das LET-Spektrum, ganz zu schweigen von bloßen Mittelwerten, die Energiedepositionseigenschaften einer Strahlung, die letztlich deren biologische Wirksamkeit bestimmen, nicht hinreichend charakterisiert. Und es sei nochmals betont, daß die Unzulänglichkeiten in vollem Umfang gerade im Falle der komplexen Sekundärstrahlungsfelder, wie sie von Neutronen erzeugt werden, in Erscheinung treten.

Eine gewisse Alternative bietet das Konzept der sogenannten Mikrodosimetrie, die sich seit mehr als fünfzehn Jahren sehr stark entwickelt und heute weite Verbreitung gefunden hat. Es handelt sich wiederum um einen Versuch, die Strahlenqualität rein physikalisch zu charakterisieren, wobei insbesondere die erstgenannte Schwäche des LET-Konzepts vermieden wird. Man betrachtet nämlich hierbei unmittelbar die Größe der Energiedeposition in Bereichen von Mikrometergrößenordnung, d.h. deren Häufigkeitsspektrum

$f_1(z)$ oder $f_1(y)$, $z =$ Energie pro Masse des Bereiches,
$y =$ Energie pro mittlerem Bereichsdurchmesser.

Den ursprünglichen Anstoß zu dieser Entwicklung, die von der Gruppe um Rossi in den USA ausging, gab die Tatsache, daß man LET-Spektren eigentlich gar nicht exakt messen kann. Die dazu verwendeten Proportionalzählrohre, die mit stark verdünnten Gasen zur Simulation mikroskopischer Volumina gefüllt sind, müßten nämlich einerseits sehr kleine Volumina repräsentieren, um immer nur „infinitesimale" Spursegmente entsprechend der LET-Definition zu erfassen, während andererseits kleine Volumina die statistischen Streuungen (straggling) der Energieabgabe, die ja in einzelnen Kollisionen erfolgt, hervorkehren. Die Mikrodosimetrie nimmt nun unmittelbar die vom Proportionalzähler gelieferte Ereignisgrößenverteilung, erklärt diese zur ohnehin relevanteren Charakteristik der Strahlenqualität und hat damit zunächst einmal den großen Vorteil gewonnen, eine jederzeit gut meßbare Größe in den Mittelpunkt gestellt zu haben. Tatsächlich sind solche Messungen heute vielerorts schon Routine.

Zur Veranschaulichung zeigt Abb. 4 einige Beispiele. Die dickgezeichneten Kurven wurden von uns nach einer neuartigen Methode berechnet, die übrigen Kurven stellen hauptsächlich experimentelle Ergebnisse anderer Autoren dar.

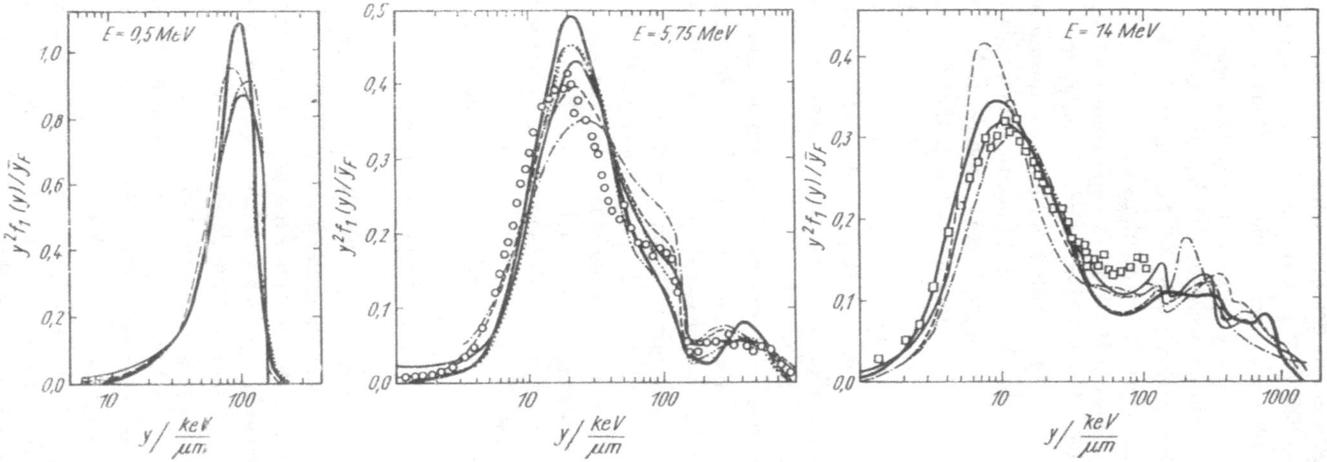

Abb. 4 **Mikrodosimetrische Ereignisgrößenspektren für drei verschiedene Neutronenenergien in biologischem Gewebe für einen kugelförmigen Bereich von 1 μm Durchmesser**

Bei 0,5 MeV Neutronenenergie zeigt sich nur der Protonenpeak, und zwar bei relativ hohen Werten der „linealen Energie“ y. Mit wachsender Neutronenenergie bewegt sich der Protonenpeak nach links zu kleineren Werten von y, während gleichzeitig bei sehr hohen y-Werten die Beiträge der sehr dicht ionisierenden schweren Rückstoßkerne sichtbar werden. Bei der hier gewählten Darstellungsart bedeuten geometrisch gleich große Flächen unter der Kurve gleiche Beiträge der betreffenden Ereignisse zur Gesamtdosis.

Diese Spektren widerspiegeln in gewissem Maße die Komplexität des Sekundarienfeldes von schnellen Neutronen. Zu ihrer Berechnung benötigt man als Ausgangsinformation nicht nur, wie in der gewöhnlichen Neutronendosimetrie, die Gesamtenergieanteile, die in den einzelnen Reaktionen an Sekundarien übertragen werden, sondern auch die Startenergie-Verteilungen der Sekundärteilchen, das heißt also die differentiellen Wirkungsquerschnitte für alle Kernreaktionen bzw. -streuprozesse. Im übrigen sind die von uns durchgeführten Berechnungen gewissermaßen nur ein Abfallprodukt noch allgemeinerer Algorithmen zur Auswertung der von uns entwickelten RBW-Theorie, wovon noch zu sprechen ist. Sie verfolgen vor allem das Ziel, die physikalischen und mathematischen Grundlagen dieser Theorie zu testen.

Doch nun zurück zur Frage Mikrodosimetrie und Strahlenqualität. Zunächst einmal ist festzustellen, daß sich die Mikrodosimetrie im Laufe der Zeit ziemlich verselbständigt hat, gewissermaßen als physikalische Spezialdisziplin, was wiederum die Frage von Strahlenbiologen immer lauter werden ließ, was man denn nun mit den schönen Spektren und deren Mittelwerten eigentlich anfangen könne. Erst relativ spät wurde von KELLERER, dem führenden Theoretiker der Mikrodosimetrie, der Versuch gemacht, eine definitive RBW-Theorie auf mikrodosimetrischer Grundlage zu entwickeln, die sogenannte „Theorie der dualen Strahlenwirkung“ [18, 19]. Diese Theorie verwertet nach der induktiven Methode gewisse empirische Tatbestände in scharfsinniger Weise, um das beste aus der Mikrodosimetrie zu machen, aber sie kann natürlich deren prinzipielle Schranken nicht überwinden, die sich leider als biophysikalisch relevant erwiesen haben [14, 23].

Das Hauptproblem ist dem des LET-Konzepts analog. Betrachten wir dazu nochmals die Spektren von Abb. 4. Eine Ereignisgröße y von z. B. 100 keV/µm wird im Falle 0,5 MeV Neutronenenergie nur von Protonen hervorgerufen (linkes Feld), bei höherer Neutronenenergie jedoch zusätzlich (mittleres Feld) oder ausschließlich (rechtes Feld) durch andere Sekundarien, vor allem Alphateilchen. Mit anderen Worten, das Ereignisgrößenspektrum spezifiziert weder die Teilchenart noch den LET-Wert des Spursegments, dem eine bestimmte Energiedeposition y entspricht. Dieser Informationsverlust wäre nur dann unwesentlich, wenn es auf die submikroskopische Struktur der Spuren in der Dimension von Nanometern nicht ankäme. Es hat sich aber gezeigt, daß dies doch der Fall ist [20]. Genau darin liegt, wenn man von gewissen weiteren einschränkenden Annahmen absieht, die Hauptschwäche der Theorie der dualen

Strahlenwirkung, das heißt die Ursache für die Tatsache, daß sie im Widerspruch zum Experiment - ganz besonders in bezug auf Säugerzellinaktivierung - steht.

Diese Grundlagenfragen abschließend, lassen sich einige ganz allgemeine Schlußfolgerungen ziehen. Ein Informationsverlust, von dem wiederholt die Rede war, wird natürlich immer mit der Einführung einer vereinheitlichten physikalischen Beschreibung verschiedener Strahlungen durch nur eine Art von Parameter oder Spektrum verbunden sein. Er läßt sich durch spezifiziertere Beschreibungen verringern, aber was man dann bekommt, macht schon den Versuch undurchführbar, auf *formalem* Wege Korrelationen mit der biologischen Wirksamkeit aufzufinden. Aus diesem Grunde vertreten wir die Meinung, daß es prinzipiell nicht gelingen wird, dem Problem der RBW gerecht zu werden, ohne von vornherein biophysikalische Modelle einzuführen, die zumindest die wesentlichsten Aspekte dessen widerspiegeln, was in der Zelle bei Bestrahlung und danach eigentlich passiert. Sowohl grundlegende Erkenntnisse der modernen Molekular- und Zellbiologie als auch mit speziellen Methoden erzielte Fortschritte der experimentellen Strahlenbiophysik machen ein solches Vorgehen heute durchaus möglich.

2. *DNS-Schäden und RBW - ein theoretisches Konzept*

Die zentrale Rolle der DNS als Informationsträger sowohl für die gesamte Lebenstätigkeit der Einzelzelle als auch deren Vermehrung macht es von vornherein wahrscheinlich, daß Strahlenschäden am DNS-Molekül eine ganz besondere Rolle spielen. Über DNS-Schäden ist heute recht viel bekannt. Von den durch ionisierende Strahlung erzeugten Schäden kann man allerdings bisher nur Ein- und Doppelstrangbrüche quantitativ messen und so auch deren Abhängigkeit von der Strahlenqualität.

Abb. 5 zeigt derartige experimentelle Resultate, wie sie in unserer Außenstelle in Rossendorf unter Verwendung von Röntgenstrahlung, Deuteronen, Alphateilchen und auch Zyklotronneutronen sowie in der Kooperation mit dem VIK Dubna (schwere Ionen) erhalten wurden [17]. Der Tradition folgend, ist die Bruchzahl über dem LET aufgetragen worden. Charakteristisch ist, daß zwar viel mehr Einstrangbrüche als Doppelstrangbrüche erzeugt werden, daß aber nur die letzteren mit dem LET zunehmen, wie man das von denjenigen Schäden erwarten sollte, die der Zelltötung zugrunde liegen.

Dazu ist es wichtig zu wissen, daß Einstrangbrüche wiederum sehr effektiv repariert werden. Über die durch spezielle Enzymsysteme bewirkten Mechanismen der DNS-Schadens-Reparatur nicht nur von Ein- und Doppelstrangbrüchen ist heute ebenfalls sehr vieles bekannt. Zur Illustration zeigt Abb. 6 aus einer unserer Arbeiten [21] die Kinetik der Reparatur anhand der mit der Zeit

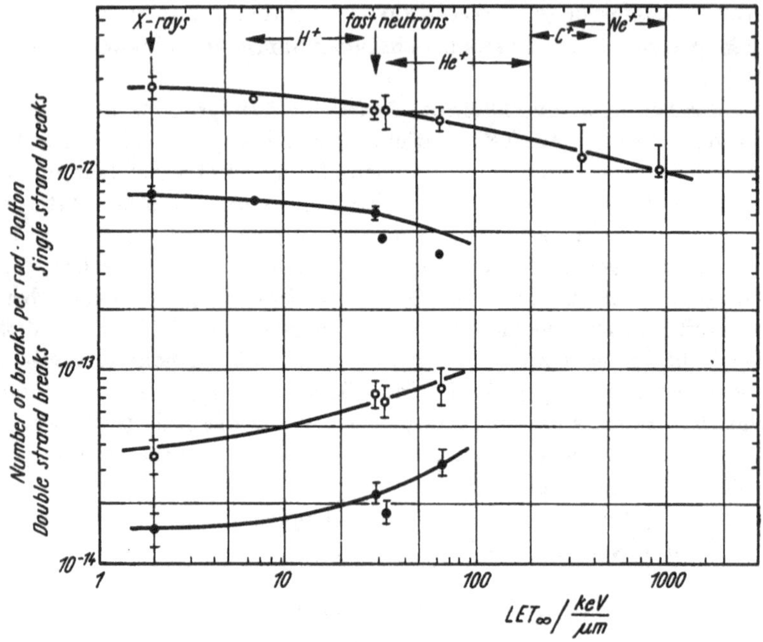

Abb. 5 Anzahl von Einstrangbrüchen (oben) und Doppelstrangbrüchen (unten) der DNS in Hamsterzellen. Experimentelle Werte (Methode der Zuckergradientenzentrifugation) pro Dosiseinheit für verschiedene Strahlenarten; Hohlkreise für oxische und Vollkreise für anoxische Bestrahlungsbedingungen

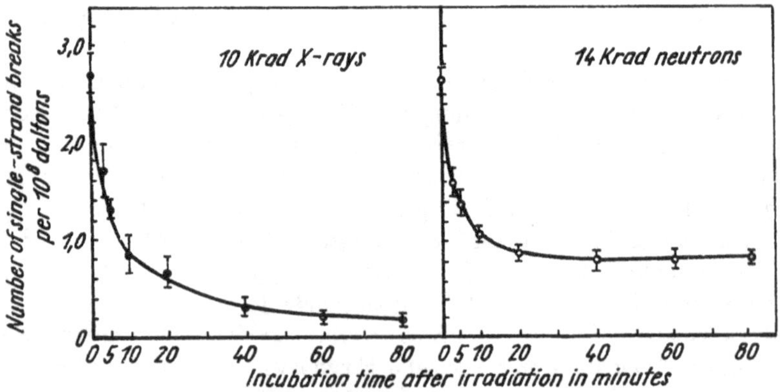

Abb. 6 Reparaturbedingte zeitliche Abnahme der durch Röntgenstrahlen oder Neutronen induzierten anfänglich gleichen Zahl von Einstrangbrüchen in der DNS von Hamsterzellen

nach Bestrahlung abnehmenden Zahl von Einstrangbrüchen. Auch in dieser Hinsicht zeigen sich Unterschiede zwischen Röntgen- und Neutronenstrahlen.

Faßt man nun zahlreiche Befunde auf diesem Gebiet zusammen, so gelangt man zu der heute allgemein akzeptierten Auffassung, daß die meisten biologischen Strahlenreaktionen letztlich auf DNS-Schäden zurückgehen, und insbesondere gibt es indirekte und direkte Beweise dafür, daß gerade DNS-Doppelstrangbrüche in der Säugerzelle die Hauptrolle spielen, wenn nicht sogar die alleinige Rolle. Ein wichtiges Argument ist deren Zunahme mit dem LET in Parallelität mit dem entsprechenden Verhalten der relativen biologischen Wirksamkeit in bezug auf zelluläre Effekte. Nur kann man nicht, auch nicht versuchsweise, einfach ein Gleichheitszeichen setzen, da die Bruchrate ja einen Mittelwert darstellt, der die Streuung von Zelle zu Zelle nicht berücksichtigt. Schließlich hängt ja auch die RBW noch von weiteren Faktoren, vor allem Art und Ausmaß des betrachteten Effekts, ab.

Auf diesen Überlegungen fußend, haben wir in unserer Arbeitsgruppe eine Theorie der RBW entwickelt [12, 14, 15, 16]. Durch ein verallgemeinertes treffertheoretisches Modell einerseits führt die Theorie die Häufigkeit von DNS-Schäden verschiedener Art auf submikroskopische Teilchenspureigenschaften, d.h. räumliche Ionisationsmuster im Bereich molekularer Targets, zurück. Andererseits betrachtet sie die Häufigkeitsverteilungen der Schäden pro Zellkern, was sich auch - allerdings nur näherungsweise - auf Mikrodosimetrie zurückführen ließe. Beides verbindet die Theorie zu einem geschlossenen Formalismus, der zu eindeutigen Algorithmen für jede beliebige Strahlenart führt, ohne einen generellen Strahlenqualitätsparameter einzuführen. Die entsprechenden Berechnungen gestalten sich allerdings für schnelle Neutronen besonders kompliziert und aufwendig wegen des vollständig zu beschreibenden komplexen Sekundärteilchenfeldes.

4. Verifizierung der RBW-Theorie

Zur Demonstration der Arbeitsweise der Theorie zeigt Abb. 7 Überlebenskurven kultivierter menschlicher Leberzellen nach Bestrahlung mit Röntgenstrahlen sowie monoenergetischen Lithium-, Kohlenstoff- und Argonionen. Aufgetragen ist der Bruchteil der nach Bestrahlung noch vermehrungsfähigen Zellen über der Dosis, wobei hier aus darstellungstechnischen Gründen die Dosisskala für jede Strahlenart verschoben wurde. Die Theorie geht von der experimentellen Röntgen-Überlebenskurve aus, benutzt diese gewissermaßen als den biologischen Input, und kann dann die Überlebenskurve für jede gewünschte Strahlung vorhersagen. Ein weiterer biologischer Parameter kommt noch hinzu, nämlich der Zellkernquerschnitt. Die theoretischen Kurven stimmen gut mit den experimentellen Punkten überein.

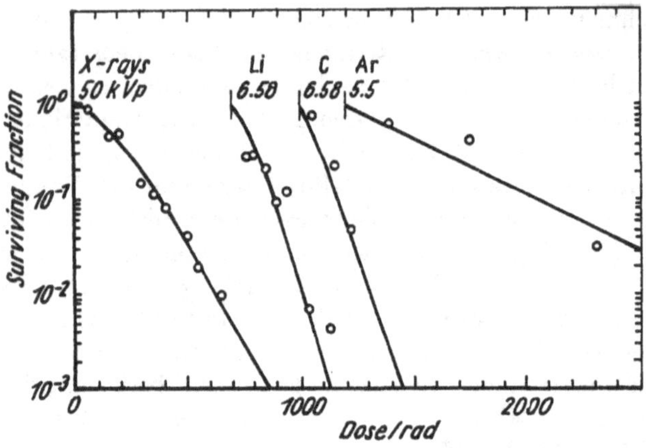

Abb. 7 Theoretisch vorhergesagte Überlebenskurven menschlicher Zellen im Vergleich zu experimentellen Daten (Kreise, [29]). Angenommener Zellkernquerschnitt $\sigma_0 = 87\ \mu m^2$ gemäß mikroskopischer Bestimmung [29].
Zahlen an der Spitze der Kurven bedeuten Energie pro Nukleon in MeV

Abb. 8 demonstriert analoge Vorhersagen für Neutronen von 15 MeV und verschiedene mit speziellen Techniken in vivo getestete Zellarten. Dargestellt sind jeweils die Röntgenkurve gestrichelt und die daraus abgeleitete Kurve für Neutronen im Vergleich zu den experimentellen Punkten. Im Falle der Knochenmarkzellen ist auch die hier deutlich flachere Kurve für Gammastrahlung mit angegeben (punktiert), und für die Neutronen erhält man volle Übereinstimmung erst dann, wenn man die im Kollimator gestreuten Neutronen berücksichtigt. In den Fällen a und b wurde kein Kollimator verwendet. Die beiden letzten Bilder (c und d) zeigen deutlich Unterschiede in der RBW für verschiedene Zellarten, denn die RBW erhält man ja als Dosisverhältnis bei konstanter Überlebensrate. Dieser wichtige Aspekt kann anhand geeigneter experimenteller Daten speziell studiert werden.

Tab. 1 enthält RBW-Werte von 15-MeV-Neutronen für Mäuseleukämiezellen, die durch Variation biologischer Bedingungen unterschliedlich strahlenempfindlich gemacht worden waren. Dies findet seinen Ausdruck im D_0-Wert für Photonenstrahlung, der den Anstieg der Überlebenskurve bei hohen Dosen angibt. Laut Theorie hängt nun - konstante Zellkerngröße vorausgesetzt - die RBW bei hohen Dosen (kleine Überlebensrate) eindeutig mit diesem D_0-Wert zusammen. Die experimentellen RBW-Werte bestätigen nicht nur die generelle Korrelation, sondern stimmen auch im Detail sehr gut mit der theoretischen Vorhersage überein. Das unterstreicht die wichtige Tatsache, daß die Theorie Grundzüge des Zusammenhangs zwischen biologischen Eigenschaften des speziellen Objekts und der RBW richtig wiedergibt.

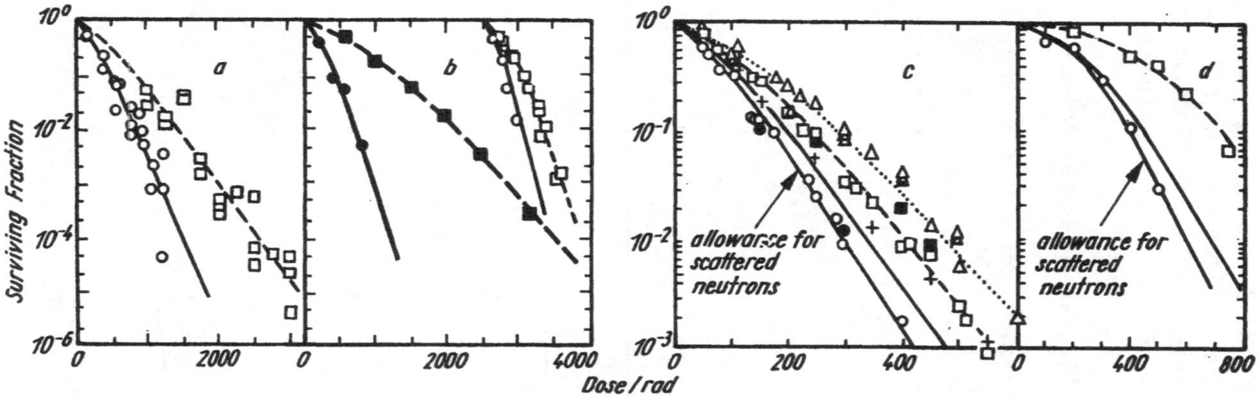

Abb. 8 Überlebenskurven für schnelle Neutronen (15 MeV) – Vergleich von Theorie und Experiment.
a: Mäusetumor [25]. b: Rattentumor [2] unter oxischen (leere Symbole) und anoxischen (volle Symbole) Bedingungen.
c: Knochenmarkzellen der Maus [7] (Kreuze ohne Kollimator). d: Kapillarendothelzellen der Maus [8]

Abb. 9 zeigt die RBW in Abhängigkeit von der Neutronenenergie zwischen 0,5 MeV und 20 MeV, hier berechnet für das Überleben kultivierter Nierenzellen, für die auch experimentelle Werte vorliegen [6]. Die RBW nimmt mit wachsender Neutronenenergie in diesem Bereich ab.

Tabelle 1 RBW von 15-MeV-Neutronen für 1% Überleben von Mäuseleukämiezellen variierender Strahlenempfindlichkeit

Daten aus	Bezugsstrahlung	Experiment D_0 [rad]	RBW	Theorie RBW
[28]	Röntg., 180 kV	62	1,09	1,18
[28]	Röntg., 180 kV	85	1,18	1,26
[9]	Röntg., 300 kV	100	1,49	1,34
[28]	Röntg., 180 kV	116	1,30	1,36
[1]	Gammast., Co^{60}	123	1,42	1,46
[28]	Röntg., 180 kV	141	1,37	1,39
[1]	Gammast., Co^{60}	185	1,60	1,59
[28]	Röntg., 180 kV	238	1,59	1,55
[28]	Röntg., 180 kV	310	1,62	1,61

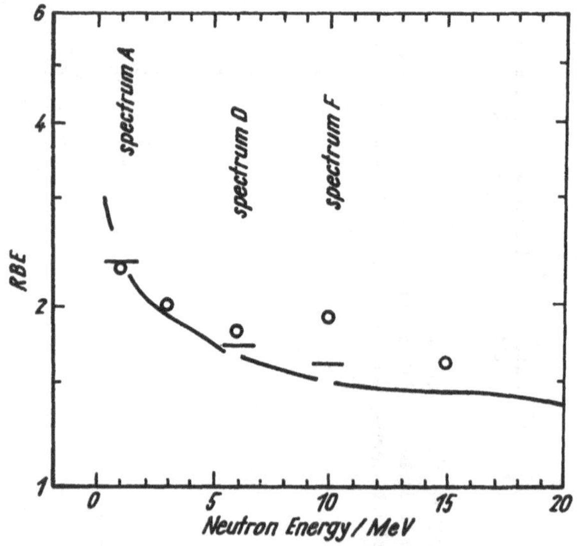

Abb. 9 RBW als Funktion der Neutronenenergie für 1% Überleben menschlicher Nierenzellen.
Waagerechte Balken entsprechen den im Experiment benutzten Neutronenenergiespektren

5. Anwendungen in der Praxis

Was den Strahlenschutz betrifft, so wurde oben bereits der Qualitätsfaktor erwähnt, der den Wert 20 nicht übersteigt. Es gibt aber wesentlich größere RBW-Werte. Die wohl größten überhaupt, nämlich Werte höher als 200, wurden mit sehr geringen Dosen von 0,43-MeV-Neutronen gemessen, und zwar für zwei Effekte: Augenlinsentrübung bei Mäusen [4] und Krebserzeugung bei Ratten [27] (Abb. 10). Die experimentellen Ergebnisse als Funktion der Dosis sind durch Balken, die die Konfidenzintervalle eingrenzen, dargestellt. Interessant ist nun die Tatsache, daß die Theorie derart hohe RBW-Werte für kleine Dosen gerade als äußersten Grenzfall liefert, daß aber die entsprechenden Grenzbedingungen dann auch den weiteren Verlauf für wachsende Dosen eindeutig festlegen. Die durchgezogene theoretische Kurve zeigt diesen Verlauf in Übereinstimmung mit beiden Experimenten. Da u.a. diese experimentellen Ergebnisse zu gewissen Diskussionen über die Festlegung von Qualitätsfaktoren im Strahlenschutz geführt haben [26], mag die Feststellung, daß es sich hierbei um einen theoretischen Grenzfall handelt, von Interesse sein.

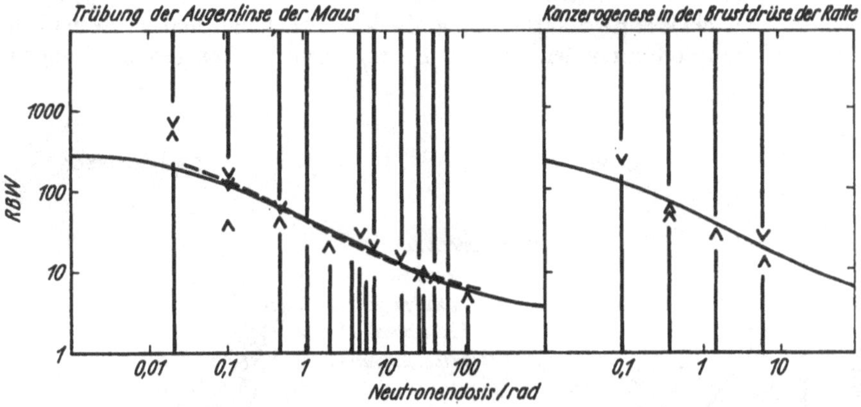

Abb. 10 Theoretische Grenzkurve (höchstmögliche RBW) in Abhängigkeit von der Dosis der Neutronenstrahlung (0,43 MeV), verglichen mit experimentellen Ergebnissen in Form von 99-%-Konfidenzintervallen (Balken) und nichtsignifikanten Limits (Pfeilspitzen)

Für die Grundlagen der Neutronentherapie ist die relative biologische Wirksamkeit von Neutronen in mehrfacher Hinsicht eine Schlüsselfrage. Letztlich geht es ja immer darum, daß ein Agens möglichst deutlich zwischen gesundem Gewebe und Krebsgewebe diskriminiert. Diesbezüglich resultiert nach landläufiger Auffassung der prinzipielle Vorteil von Neutronen aus folgendem. Erstens enthalten Krebsgeschwülste häufig hypoxische Bereiche, das heißt schlecht mit Sauerstoff versorgte Zellen. Zweitens ist seit langem bekannt, daß Sauerstoffmangel alle Zellen strahlenresistent macht. Drittens ist dieser Sauerstoffeffekt bei dichtionisierender Strahlung, also bei Neutronen, geringer. Letzteres läßt sich auch so formulieren: Unter Sauerstoffmangel ist die RBW von Neutronen größer als sonst. Für partiell hypoxische Tumore sollte also eine höhere RBW gelten als für gut mit Sauerstoff versorgtes Normalgewebe. Das entsprechende RBW-Verhältnis bezeichnet man folgerichtig als therapeutischen Gewinnfaktor.

In der Realität sind die Verhältnisse natürlich komplizierter. Wie vor allem durch tierexperimentelle Untersuchungen mit Neutronen gezeigt werden konnte, hängt der reale Gewinnfaktor von vielen Bedingungen ab [3]. Unter anderem kann die Rolle des Sauerstoffeffektes im Einzelfall recht unterschiedlich sein angesichts von Vorgängen wie der Reoxygenierung im Verlaufe einer fraktionierten Strahlenbehandlung. Auf der anderen Seite gibt es auch RBW-Unterschiede zwischen Tumor- und Normalgewebe ganz unabhängig vom Sauerstoffeffekt. Was den Tumor betrifft, so wurde dies sowohl auf zellulärer Ebene (Abb. 11) als auch am Menschen selbst (Abb. 12) demonstriert. Die letztgenannte Abbildung zeigt Neutronen-RBW-Werte für die Reaktion vergleichbarer Lungenmetastasen mit unterschiedlicher natürlicher Verdopplungszeit T_d. Eine gewisse Korrelation ist deutlich zu erkennen, und wenn man im Vergleich dazu den unter den gleichen Bedingungen für das gesunde Lungen-

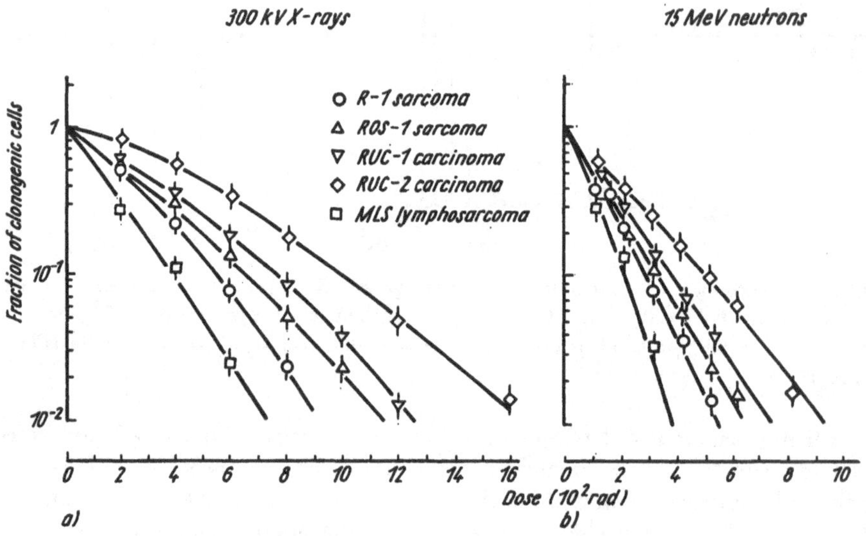

Abb. 11 Überlebenskurven für Röntgenstrahlen (a) und Neutronen (b) von Zellen aus unterschiedlichen Tumoren der Ratte und der Maus (entnommen aus [10])

gewebe etwa gültigen RBW-Wert von 2,5 betrachtet (gestrichelt), so ergibt sich, daß nur in den Fällen großer Verdopplungszeit (langsam wachsender Tumor) die Neutronentherapie günstig wäre.

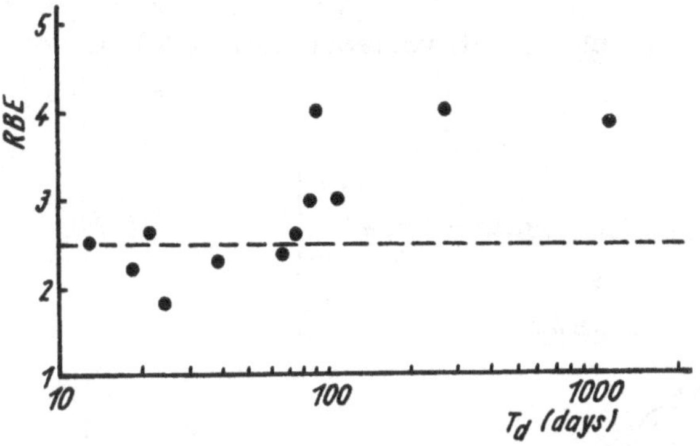

Abb. 12 RBW von Neutronen (15 MeV) für die partielle Einschmelzung menschlicher Lungenmetastasen in Gegenüberstellung zu deren natürlicher Volumenverdopplungszeit T_d (entnommen aus [24])

Was also den Gewinnfaktor betrifft, so ist das Ursachengefüge einstweilen zu komplex, um das Problem quantitativ im Tiermodell oder gar rein theoretisch von der zellulären Ebene aus sinnvoll anzugehen. Die Akkumulation klinischer Erfahrung scheint hier der beste Weg zu sein, was aber für eine optimale Bestrahlungsplanung die genaue Kenntnis der RBW für die klinisch relevanten Reaktionen zahlreicher Normalgewebe voraussetzt. Hier hat die Strahlenbiologie am Tiermodell entscheidende Pionierarbeit geleistet. Abb. 13 zeigt solche Meßergebnisse (dicke Kurven) in Form der Neutronen-RBW als Funktion der Neutronendosis pro Fraktion [11]. Verschiedene Normalgewebe wie Knochenmark, Lunge, Haut und Intestinalschleimhäute sind demnach unterschiedlich zu beurteilen. Für diese Normalgewebe ist auch die Zurückführbarkeit auf die zelluläre Ebene gewährleistet, so daß unsere RBW-Theorie angewandt werden kann. Zwei theoretische Kurven (dünne Linien) sind eingezeichnet und stimmen gut mit den entsprechenden experimentellen überein.

Die Theorie sollte sich also auch für Fragen der Neutronentherapie nützlich machen können, insbesondere wenn es darum geht, Veränderungen der RBW für ein bestimmtes Normalgewebe in Abhängigkeit vom Ort im Strahl bzw. im Halbschatten infolge Änderung des Neutronenenergiespektrums und des Gammastrahlenanteils zu erfassen. Außerdem ist zu betonen, daß derart differenzierte experimentelle Daten nur für den 8-MeV-Neutronenstrahl des Hammersmith-Krankenhauses in London vorliegen, woher die sehr aufwendigen

Messungen in Abb. 13 stammen. Für andere, insbesondere wesentlich höhere Neutronenenergien, die jetzt international verstärkt zum Einsatz gelangen, wie auch für Pimesonen wären daher theoretische Vorhersagen von großem Interesse. Eines der Probleme in diesem Zusammenhang sind die nur spärlich vorhandenen Daten über differentielle Wirkungsquerschnitte der relevanten Atomkerne für Neutronenenergien oberhalb von 20 MeV. Hier wäre die Erarbeitung eines verläßlichen und möglichst lückenlosen Datenmaterials durch die Kernphysik äußerst wünschenswert.

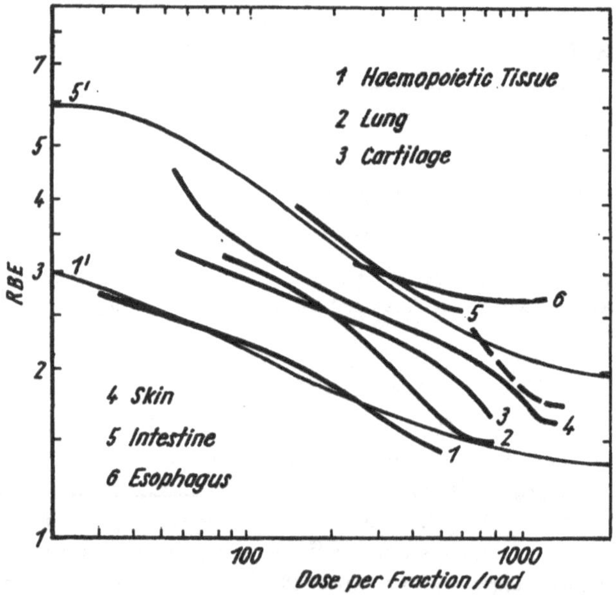

Abb. 13 Tierexperimentell ermittelte RBW für Normalgewebeschädigung durch fraktionierte Bestrahlung als Funktion der Neutronendosis pro Fraktion.
Neutronenquelle: dickes Berylliumtarget beschossen mit 16-MeV-Deuteronen. Dünne Kurven (1′ und 5′ entsprechend 1 und 5) wurden theoretisch errechnet

Literatur

[1] Antoku, S.: Int. J. Radiat. Biol. **27** (1975), 287.

[2] Barendsen, G. W., Broerse, J. J.: Europ. J. Cancer **5** (1969), 373.

[3] Barendsen, G. W.: Europ. J. Cancer **10** (1974), 269.

[4] Bateman, J. L., Rossi, H. H., Kellerer, A. M., Robinson, C. V., Bond, V. P.: Radiat. Res. **51** (1972), 381.

[5] Bewley, D. K.: Biophysical Aspects of Radiation Quality, Second Panel Report, Vienna, I.A.E.A. 1968, S. 65.

[6] Broerse, J. J., Barendsen, G. W., van Kersen, G. R.: Int. J. Radiat. Biol. **13** (1968), 559.

[7] Broerse, J. J., Engels, A. C., Lelieveld, P., van Putten, L. M., Duncan, W., Greene, D., Massey, J. B., Gilbert, C. W., Hendry, J. H., Howard, A.: Int. J. Radiat. Biol. **19** (1971), 101.

[8] Broerse, J. J., Reinhold, H. S., Buisman, G. H., Engels, A. C.: Radiat. Res. **56** (1973), 180.

[9] Broerse, J. J., van Oosterom, P. M.: Biological Effects of Neutron Irradiation, Proceedings of a Symposium, Vienna, I. A. E. A. 1974, S. 275.

[10] Broerse, J. J., Barendsen, G. W., Gaiser, J. F., Zoetelief, J.: Radiobiological Research and Radiotherapy, Proceedings of a Symposium, Vol. 2, Vienna, I. A. E. A. 1977, S. 19.

[11] Field, S. B., Hornsey, S.: Proceedings of the 5th Intern. Congr. Radiat. Res., Washington 1974, S. 1125.

[12] Günther, K., Schulz, W.: Radiation Quality: a Theory of Action of Ionizing Radiations on DNA, Microorganisms and Mammalian Cells. I. General Outline and Some Results, studia biophysica **34** (1972), 165.

[13] Günther, K., Leistner, W.: Eine biophysikalische Modellkonzeption zur Bestimmung der Dosis- und Tiefenabhängigkeit der RBW schneller Neutronen. In: Grundlagen der Neutronentherapie, Hrsg. A. Graffi, Th. Matthes, E. Magdon, Berlin 1975, S. 57.

[14] Günther, K., Schulz, W., Leistner, W.: Microdosimetric Approach to Cell Survival Curves in Dependence on Radiation Quality, studia biophysica **61** (1977), S. 163.

[15] Günther, K.: General Theory of Radiation Quality Applied to Mammalian Cells: Prediction of RBE. In: High-LET Radiations in Clinical Radiotherapy, Hersg. G. W. Barendsen, J. J. Broerse, K. Breur, (Proceedings of the 3rd Meeting on Fundamental and Practical Aspects of the Application of Fast Neutrons and Other High-LET Particles in Clinical Radiotherapy, The Hague, Netherlands, 13–15 Sept. 1978), Europ. J. Cancer Suppl., Oxford, Pergamon Press 1979, S. 196.

[16] Günther, K., Schulz, W.: Biophysical Theory of Radiation Action – a Treatise on Relative Biological Effectiveness, Berlin, Akademie-Verlag 1983.

[17] Kampf, G., Regel, K., Eichhorn, K., Abel, H.: Radiation-Induced DNA Strand Breaks in Dependence on Radiation Quality and Oxygen and Their Repair in Mammalian Cells, studia biophysica **61** (1977), 53.

[18] Kellerer, A. M., Rossi, H. H.: Curr. Top. Radiat. Res. Quaterly **8** (1972), 85.

[19] Kellerer, A. M., Rossi, H. H.: Radiat. Res. **75** (1978), 471.

[20] Kellerer, A. M.: Kerntechnik **20** (1978), 301.

[21] Körner, I. J., Günther, K., Malz, W.: Kinetics of DNA Single-Strand Break Rejoining in X- und Neutron-Irradiated Chinese Hamster Cells, studia biophysica **70** (1978), 175.

[22] Lea, D. E.: Actions of Radiations on Living Cells, Cambridge, The University Press 1946, second edition 1956.

[23] Paretzke, H. G.: Sixth Symposium on Microdosimetry, Hersg. J. Booz, H. G. Ebert, London 1978, S. 925.

[24] Van Peperzeel, H. A., Breur, K., Broerse, J. J., Barendsen, G. W.,: Europ. J. Cancer **10** (1974), 349.

[25] Van Putten, L. M., Lelieveld, P., Broerse, J. J.: Europ. J. Cancer **7** (1971), 153.

[26] Rossi, H. H.: Radiat. and Environm. Biophys. **14** (1977), 275.
[27] Shellabarger, C. J., Brown, R. D., Rao, A. R., Shanley, J. P., Bond, V. P., Kellerer, A. M., Rossi, H. H., Goodman, L. J., Mills, R. E.: Biological Effects of Neutron Irradiation, Proceedings of a Symposium, Vienna, I.A.E.A. 1974, S. 391.
[28] Takeshita, K., Sawada, S.: Biological Effects of Neutron Irradiation, Proceedings of a Symposium, Vienna, I.A.E.A. 1974, S. 245.
[29] Todd, P. W.: Radiat. Res. **61** (1975), 288.

Hans-Jürgen Eichhorn

Über Anwendung von schnellen Neutronen zur Strahlenbehandlung

Strahlenbiologische Voraussetzungen

Neutronenstrahlung erzeugt im menschlichen, wasseräquivalenten Gewebe durch Kollision mit den Kernen der Wasserstoff-Moleküle überwiegend sogenannte Rückstoß-Protonen, die als ionisierende Teilchen mit hohem linearen Energie-Transfer (LET) wirken. Wir haben es daher in der Strahlentherapie erstmals mit einer wirklich neuen Strahlenart zu tun, denn alle bisher verwendeten Strahlenqualitäten (Röntgen, Radium, Co-60, Elektronen), die wir als Normalstrahlung bezeichnen wollen, ionisieren relativ locker und gleichmäßig. Die besondere biologische Wirkung der Neutronenstrahlung beruht aber auf der Energieübertragung in dicht gepackten Portionen, die ungleichmäßig im Mikro-Raum, d.h. der Größenordnung von DNS-Molekül und Zellorganellen, verteilt sind. Dabei kann im größeren Volumen, etwa einer Kammer zur physikalischen Dosismessung, die gleiche Gesamtzahl an Ionenpaaren gemessen werden wie bei Normalstrahlung.

Zur Orientierung über die Größenordnungs-Verhältnisse in der Zelle seien folgende Angaben gemacht:

Abstand zwischen 2 Ionisationen bei N-Strahlung: 10^{-7} cm

Abstand der beiden Nukleotid-Ketten der DNS (Steuerung der Reproduktion und Lebensvorgänge der Zelle): $2 \cdot 10^{-7}$ cm ($\approx$ 2–3 Ionenpaare bei einem Teilchendurchgang)

Durchmesser der Mitochondrien der Säugetier-Zelle (Energiehaushalt):
$2{,}5 \cdot 10^{-4}$ cm ($\approx$2500 Ionenpaare bei 1 Teilchendurchgang)

Durchmesser der Ribosomen (Aufbau der Eiweiße, Fermente, Enzyme):
$2{,}5 \cdot 10^{-6}$ cm ($\approx$25 Ionenpaare bei 1 Durchgang) [1, 2].

Die Folge des höheren LET ist eine andere, in aller Regel höhere relative biologische Effektivität (RBE), zu deren Untersuchung viele in der Biologie gebräuchliche Experimentalobjekte herangezogen wurden (Chromosomen, Pflanzensamen und -zellen, Bakterien, Einzeller, tierische und menschliche Zellen in Kultur, Gewebe von kleinen und großen Laboratorien und auch menschliche Gewebe in vivo). Aus diesen Untersuchungen lassen sich zwei allgemeine Ergebnisse ableiten:

1. Die RBE variiert von Versuchsobjekt zu Versuchsobjekt beträchtlich, es gibt also keinen einheitlichen „RBE-Faktor" (und die Ergebnisse sind deshalb nicht auf den Menschen übertragbar).
2. Die RBE steigt in der Mehrzahl der Versuche mit sinkender Dosis und Dosisleistung und mit der Fraktionierung.

Die wichtigsten Einzelergebnisse der biologischen Experimente und ihre Interpretierung können folgendermaßen zusammengefaßt werden:

- Die RBE ist im unteren Energiebereich der Neutronenstrahlung bis 5 MeV energieabhängig [3].
- Die Wirkung der Neutronenstrahlung ist im Gegensatz zu der bei Normalstrahlung weitgehend unabhängig von der Fraktionierung und vom Oxygenierungsgrad der Zellen.
  Erklärung: Mehr direkte „Treffer" (Ionisationen) an vital bedeutsamen Molekülen, z. B. DNS-Doppelstrangbrüche, die von der Zelle in den Bestrahlungspausen schwer repariert werden können, weniger indirekte Wirkung über chemisch aktive Wasserspaltprodukte, zu deren Erzeugung Sauerstoff gebraucht wird [2, 4].
- Die Wirkung der Neutronenstrahlung ist im Gegensatz zu der bei Normalstrahlung von der Teilungsgeschwindigkeit der Zellen unabhängig.
  Erklärung: Eingriff nicht vorwiegend in der Mitose- und DNS-Synthese-Phase, sondern in allen Phasen des Zellteilungszyklus.

Historische Entwicklung der Neutronentherapie

Die erste Versuchsreihe mit Neutronenbestrahlung wurde 1938–1943 in Berkeley an 200 Patienten durchgeführt. Ihr lag die Entdeckung der höheren und uneinheitlichen RBE zugrunde, die eine bevorzugte Wirkung auf Tumoren möglich erscheinen ließ. Schwere Spätschäden an Normalgeweben führten 1948 zum Abbruch trotz erstaunlicher Erfolge bei fortgeschrittenen Tumoren [5].

In England wurde jedoch nach ausgedehnten experimentellen Studien über Wirkungsunterschiede zur Normalstrahlung 1966 die Neutronenstrahlung am Menschen zunächst tastend, ab 1969 systematisch wieder aufgenommen [6]. Bis 1979 wurden über 800 Patienten bestrahlt. Jetzt hatte man vor allem die Unabhängigkeit der Wirkung vom Oxygenierungsgrad im Auge. Man nimmt nämlich für die meisten Tumoren wegen des überschießenden Wachstums gegenüber der Blutversorgung das Vorliegen hypoxischer, daher strahlenresistenter Bezirke an.

Wir begannen unseren Pilotversuch im April 1972 [7] und haben bisher über 600 Patienten mit Neutronen bestrahlt. Seit Ende 1972 wird die Neutronentherapie zunehmend in USA, Westeuropa und Japan aufgegriffen, und heute dürften über 3000 Patienten in der Welt eine solche Therapie erhalten haben.

Eigene Ergebnisse

Unsere Untersuchungen zielten auf besondere Wirkung am Tumor- und am Normalgewebe. Sie sind noch nicht abgeschlossen, aber einige interessante Ergebnisse können mitgeteilt werden. Als Versuchsobjekt stand das inoperable Bronchialkarzinom an erster Stelle. Nur ein kleiner Teil der Patienten mit diesem Tumor ist, wegen der zu Therapiebeginn schon latent vorhandenen Fernmetastasen, heilbar. Die Strahlenwirkung kann daher auch autoptisch untersucht werden. Dennoch bedürfen die Patienten einer lokalen Strahlenbehandlung zur Verhinderung schwerer Symptome durch Zerstörung der angrenzenden Organe. Entsprechendes gilt auch für unsere anderen Versuchstumoren.

Tabelle 1a

Bronchial-Ca.	$N_{18\%,36\%} + \gamma$
Tu. negativ	61/116 = 53%
$\bar{d}$ Tu. Dos.	5352 rd × RBE
$\bar{v}$ Tu. Vol.	231 cm³
$\bar{t}$ Bestr.-Zeit	57 d

Tabelle 1b

Bronchial-Ca.	γ
Tu. negativ	47/149 = 33%
$\bar{d}$ Tu. Dos.	7044 rd
$\bar{v}$ Tu. Vol.	212 cm³
$\bar{t}$ Bestr.-Zeit	52 d

Vergleich einer kombinierten Neutronen-Telekobaltbestrahlung $(n + \gamma)$ mit reiner Telekobaltbestrahlung (γ) hinsichtlich der Tumorzerstörung am inoperablen Bronchialkarzinom unter Berücksichtigung eines RBW-Faktors ≈ 3 für die N-Strahlung [6, 8]:

Bei etwas niedrigerer Gesamtdosis der $n + \gamma$-Kombination und bei gleichem Tumorvolumen bzw. gleicher Bestrahlungszeit wird ein wesentlich höherer Prozentsatz der Tumoren durch die Bestrahlung mit einem Neutronenanteil zerstört (53% : 33%, histologische Untersuchung der Autopsiepräparate). Die Differenz ist statistisch signifikant ($p = 0{,}03$) [*Eichhorn*, *Lessel*, 1975, 7, 9].

Tabelle 2a

Bronchial-Ca.	$N_{41\%} + \gamma$
Tu. negativ	18/54 = 33%
$\bar{d}$ Tu. Dos.	5785 rd × RBE
$\bar{t}$ Bestr.-Zeit	45 d

Tabelle 2b

Bronchial-Ca.	γ
Tu. negativ	9/44 = 20%
$\bar{d}$ Tu. Dos.	5418 rd
$\bar{t}$ Bestr.-Zeit	44 d

Gleiche Versuchsanordnung wie Tab. 1, jedoch Zufallsverteilung der Patienten (Losentscheid). Deutliche Differenz zugunsten der kombinierten Strahlentherapie. (Keine statistische Sicherung wegen der noch zu kleinen Patientenzahl) [EICHHORN, LESSEL, DALLÜGE, 1979, 10].

Tabelle 3a

Magen-Ca.	$N_{19\%,39\%} + \gamma$
Tu. negativ	9/27 = 33%
$\bar{d}$ Tu. Dos.	5182 rd × RBE
$\bar{t}$ Bestr.-Zeit	55 d

Tabelle 3b

Magen-Ca.	γ
Tu. negativ	0/10
$\bar{d}$ Tu. Dos.	5200 rd
$\bar{t}$ Bestr.-Zeit	48 d

Untersuchung am inoperablen Magenkarzinom. Gleiche Versuchsanordnung wie Tab. 1. Während mit reiner Telekobalttherapie in keinem Fall eine vollständige Tumorzerstörung erreicht wurde, gelang das mit der kombinierten $n + \gamma$-Bestrahlung in 33% [10].

Tabelle 4a

Oesophagus-Ca.	$N_{20\%,33\%} + \gamma$
Tu. negativ	20/26 = 77%
$\bar{d}$ Tu. Dos.	5550 rd ×RBE
$\bar{t}$ Bestr.-Zeit	65 d

Tabelle 4b

Oesophagus-Ca.	γ
Tu. negativ	76/136 = 55%
$\bar{d}$ Tu. Dos.	8200 rd
$\bar{t}$ Bestr.-Zeit	68 d

Untersuchung am Oesophaguskarzinom. Gleiche Versuchsanordnung wie Tab. 1. Trotz niedrigerer Gesamtdosis ist auch beim Oesophaguskarzinom mit kombinierter $n - \gamma$-Bestrahlung eine höhere Tumorzerstörungsquote erreicht worden als mit reiner Telekobalttherapie [10].

Wir bestrahlten weiterhin eine Gruppe von 59 Patienten mir inoperablen Weichteilsarkomen (Fibro-, Chondro-, Myxo-, Lipo-Sarkome, Leio-Myo-Sarkome, Angio- und Neuro-Sarkome u.a.) ausschließlich mit Neutronenstrahlung. Diese Tumoren sind gegenüber Normalstrahlung, mit wenigen Ausnahmen, vollständig oder weitgehend resistent. Obwohl die von uns applizierten Tumordosen überwiegend im mittleren und unteren Dosisbereich lagen ($\approx$800 bis 1600 rd), bildeten sich 39 dieser Tumoren klinisch vollständig zurück (11 davon mit autoptisch-histologischer Bestätigung), und nur 2 reagierten – bei $\approx$1100rd – gar nicht.

Vergleichende Untersuchungen für Normalgewebe konnten wir an der Haut und am Gefäß-Bindegewebe der Unterhaut durchführen.

Zur Untersuchung des Fraktionierungseffektes und der RBW an der Haut wurde bei 24 Patienten einzeitig 400 rd n-Strahlung und bei 10 von ihnen außerdem 1200 rd Röntgenstrahlung (200 KV), 0,5 mm Cu-Filter, 40 cm FHA) auf ein kleines Oberarmfeld appliziert (5 cm ⌀). Anschließend wurde auf weitere Oberarmfelder für beide Strahlenarten die gleiche Dosis in 10 Fraktionen, für n-Strahlung auch in 5 Fraktionen, gegeben. Die Frühreaktion (Erythem) der einzeitigen Bestrahlungen war für beide Strahlenarten gleich (RBE = 3 bestätigt). Die Fraktionierung der Normalstrahlung führte, wie erwartet, zu einer so starken Wirkungsminderung, daß keine Hautreaktion mehr erkennbar war. Dagegen verminderte sich die Hautreaktion nach der n-Strahlung bei 5facher Fraktionierung nicht erkennbar und bei 10facher Fraktionierung nur sehr gering [9].

Tabelle 5

Haut	rd × RBE	Fibrosis
N = 100%	3600	+++ (6/10)
N 50% + γ	>3800	+ (3/10)
	>4900	+++ (7/11)
N = 25 – 40% + γ	<5800	0 (11/11)
	>5900	+++ (2/4)

Die Fibrose als Spätreaktion des Gefäß-Bindegewebes der Unterhaut tritt bei reiner n-Therapie nach unseren Untersuchungen schon bei einer Dosis von 3600 rd × RBW auf (starke Fibrose in 6 von 10 Bestrahlungsfeldern). Mit steigendem γ-Anteil erhöht sich die für eine Fibrose erforderliche Dosis. Das heißt, daß die Spätreaktion nach n-Strahlung größer ist als nach γ-Bestrahlung (RBW-Faktor >3). Diese Untersuchungen wurden an 46 großen Bauch- und Rückenfeldern im Verlauf einer Strahlentherapie gemacht [Eichhorn, Lessel, Dallüge, 1978, 11].

Diskussion und Schlußfolgerungen

In unseren Untersuchungsreihen finden wir, daß

- bei Tumoren mittlerer bis geringer Strahlenempfindlichkeit die Wirkung einer Bestrahlung, die einen Neutronenanteil von etwa 30%–40% enthält, beträchtlich größer ist als die Wirkung der Normalstrahlung,
- bei gegen Normalstrahlung resistenten Tumoren reine Neutronenstrahlung, auch mit niedriger bis mittlerer Dosierung, 2/3 der Fälle vollständig und 1/3 partiell bis weitgehend zur Rückbildung bringt ($<5\%$ Versager),
- am Normalgewebe Haut die Fraktionierung der Neutronenstrahlung keinen oder fast keinen Einfluß auf die Strahlenreaktion hat,
- am Gefäß-Bindegewebe der Haut die Spätreaktion auf Neutronenstrahlung stärker ist als auf Normalstrahlung (gleiche Frühreaktion vorausgesetzt).

Selbstverständlich wurde eine ganze Anzahl anderer Normalgewebe im Zuge der Neutronentherapie mitbestrahlt. Zur Zeit analysieren wir, welche Aussage zur Frage der Spätreaktion aus unseren Versuchsreihen gemacht werden kann. Gravierende Dauerschäden an Normalgeweben sind jedenfalls bei unserer schonenden Dosierung und kombinierten Bestrahlung nicht aufgetreten, aber die Zahl der auswertbaren Fälle ist wegen der fortgeschrittenen, metastasierenden und daher inkurablen Tumoren, die wir weit überwiegend bestrahlten, begrenzt.

Die Untersuchungen der Londoner Gruppe sind auf den Vergleich der Heilungsergebnisse bei Behandlung mit Neutronen- und Normalstrahlung angelegt (wozu wir aus äußeren Gründen – nur periodische Nutzung des 250 km von der Klinik entfernten Zyklotrons – noch nicht in der Lage waren). Sie zeigten in einer randomisierten Serie an Tumoren im HNO-Bereich die Steigerung der kompletten Tumorrückbildungen und die Verminderung der unvollständigen Rückbildungen sowie der Absterbequoten auf der Neutronentherapie-Seite der Serie [12].

Andere Forschungsgruppen führen Neutronentherapie noch nicht lange genug durch, um mehr als vorläufige Ergebnisse zu veröffentlichen.

Zweifellos hat die Neutronenstrahlung eine stärkere biologische Wirkung als die Normalstrahlung. Allem Anschein nach ist diese auch zu Ungunsten des Tumorgewebes verschoben, so daß von der biologischen Seite her gute Voraussetzungen für eine wesentliche Verbesserung in der Behandlung fortgeschrittener mäßig oder sehr wenig strahlensensibler Tumoren bestehen, und diese stellen noch immer mehr als 60% aller Krebsfälle.

Für den Erfolg einer Strahlenbehandlung spielt aber die Dosisverteilung im Patienten eine ebenso große, u.U. sogar größere Rolle. Physikalische Parameter sind die Voraussetzung für die Möglichkeit der Dosiskonzentration im Tumor und der Entlastung umgebender normaler Organe von schädlicher Strahlung. Hierfür ist leider unser Zyklotron mit seiner geringen Neutronenenergie wenig geeignet, wie ein Vergleich mit Dosis-Abfall-Kurven unserer modernen Therapiegeräte ergibt (Abb. 1). Für die Strahlenbehandlung mit Neutronen, die nach meiner Überzeugung eine wichtige Rolle in der Krebsbehandlung spielen wird - und zwar in Kombination mit Normalstrahlung -, sind Zyklotrons mit höherer Energie oder DT-Generatoren mit ausreichender Dosisleistung daher unabdingbar.

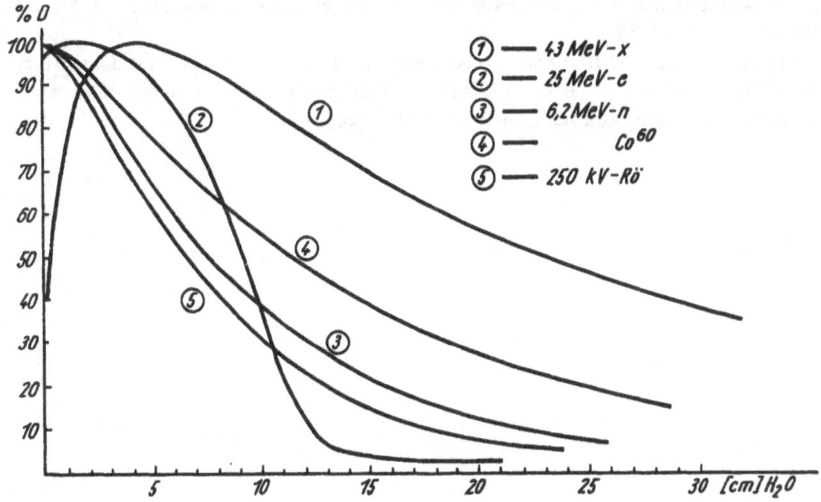

Abb. 1 Tiefendosiskurven (%)

Literatur

[1] Pohlit, W.: Physikalische und biologische Grundlagen der Neutronentherapie, Strahlentherapie 145 (1973) 491–503.

[2] Dertinger, H., H. Jung: Molekulare Strahlenbiologie, Berlin-Heidelberg-New York (1969) 146.

[3] Hall, E. J.: RBE und OER values as a function of neutron energy, Europ. J. Cancer 10 (1974): 297–299.

[4] Withers, H. R., A. M. Chu, K. A. Mason, B. O. Reid, H. T. Barkley, J. B. Smathers: Response of jejunal mucosa to fractionated doses of neutron or X-rays, Europ. J. Cancer 10 (1974) 249–252.

[5] Stone, R. S.: Neutron therapy and specific ionisation, Amer. J. Roentgenology 59 (1948) 771–785.

[6] Catterall, M., Ch. Rogers, R. H. Thomlinson, S. B. Field: An investigation into the clinical effects of fast neutrons, Brit. J. Radiol. 44 (1971) 603–611.

[7] Eichhorn, H.-J., A. Lessel: Vorläufige klinische Beobachtungen an mit schnellen Neutronen bestrahlten Patienten. In: Fortschritte der Onkologie, Herausg. Graffi, Matthes, Magdon, Berlin 1975.

[8] Elkind, M. M.: Summary of general discussion on radiobiological aspects of fast neutrons in radiotherapy, Europ. J. Cancer 7 (1971) 249–257.
[9] Eichhorn, H.-J., A. Lessel: Four years experiences with combined neutron-tele-cobalt-therapy, Int. J. Radiat. Oncol. Biol. Phys. 3 (1977) 277–280.
[10] Eichhorn, H.-J., A. Lessel, K.-H. Dallüge: Five years of clinical experience of radiotherapy using a combination of neutrons and photons. In: Progress in Radio-Oncology. Herausg. Kärcher, Kogelnik, Meyer, Stuttgart 1980, 28–31.
[11] Eichhorn, H.-J., A. Lessel, K.-H. Dallüge: 5 Jahre klinische Erfahrungen mit kombinierter Neutronen-Telekobalt-Therapie. In: 20 Jahre Rossendorfer Zyklotron, ZfK-363, 1978, 79–83.
[12] Catterall, M., J. Sutherland, D. K. Bewley: First results of a randomized clinical trial of fast neutron compared with X or gamma rays in treatment of advanced tumours of the head and neck, Brit. J. Med. 2 (1975) 653–566.

Volkmar Schuricht, B. Dörschel

Neutronenstrahlenschutz

1. Strahlenbelastung durch Neutronen

1.1. Prinzipien und Maßnahmen des Strahlenschutzes

Die Anwendung von Neutronen zur Lösung von Problemen in Wissenschaft und Praxis setzt voraus, daß der Schutz des Menschen vor der schädigenden Wirkung der Neutronen gewährleistet ist. Um die Risiken, die mit einer Neutronenbestrahlung verbunden sind, zu minimieren, müssen die allgemeinen Prinzipien des Strahlenschutzes beachtet werden. Diese Prinzipien können folgendermaßen zusammengefaßt werden:

1. Ionisierende Strahlung ist nur dann anzuwenden, wenn damit ein echter Nutzen erreicht werden kann.
2. Jede Strahlenbelastung ist so gering wie vernünftigerweise erreichbar zu halten, wobei ökonomische und soziale Faktoren zu berücksichtigen sind. Dies ist das sogenannte ALARA-Prinzip, wobei sich die Bezeichnung aus den Anfangsbuchstaben der Worte „as low as reasonably achievable" ableitet.
3. Die Strahlenbelastung von Einzelpersonen darf die festgelegten Grenzen nicht übersteigen. Die Grenzen sind so festgelegt, daß nach heutigem Wissen nicht-stochastische Effekte vermieden und stochastische Effekte auf ein vertretbares Minimum begrenzt werden.

Die Vorträge auf diesem Kolloquium haben bewiesen, daß die erörterten Anwendungsbeispiele voll dem ersten Prinzip genügen, so daß sich eine weitere Diskussion dieses Punktes erübrigt. Im weiteren ist der Begriff der Strahlenbelastung und ihre quantitative Beschreibung näher zu erläutern (Abschnitt 1.2.).

Wenn man davon ausgeht, daß die Stärke der Neutronenquelle und die Energie bzw. das Energiespektrum der Neutronen dem zu lösenden wissenschaftlichen oder praktischen Problem angepaßt sind, existiert damit keine Möglichkeit mehr, durch Variation dieser Parameter die äußere Strahlenbelastung einer die Neutronenquelle handhabenden bzw. die Gesamtapparatur bedienenden Person zu beeinflussen, d.h. zu verringern. Aus physikalischer Sicht gibt es dann nur die Möglichkeit, Abschirmungen zu verwenden (Abschnitt 2.). Sehr wichtig für die Gewährleistung des Strahlenschutzes (nicht nur gegenüber Neutronen) ist die Strahlenschutzmeßtechnik, die zwar keinen aktiven Schutz gewährleistet, die aber die Beurteilung einer erfolgten oder zu erwartenden Strahlenbelastung gestattet. Im Zusammenhang mit Neutronenstrahlung spielen die Ortsdosimetrie und die Personendosimetrie als Meßverfahren des Strahlenschutzes eine Rolle. Während die Ortsdosimetrie Aussagen über die an bestimmten Orten zu erwartenden Strahlenbelastungen ermöglicht, liefert die Personendosimetrie Informationen über die erfolgte Belastung von Einzelpersonen. Die Ortsdosimetrie erlaubt gerade im Neutronenstrahlenschutz nur grobe Abschätzungen über zu erwartende Strahlenbelastungen, deshalb kommt der Neutronen-Personendosimetrie besondere Bedeutung zu (Abschnitt 3.).

1.2. Quantitative Beschreibung der Strahlenbelastung

Bisher wurde mit dem Begriff „Strahlenbelastung" operiert, ohne ihn näher zu definieren. Es ist in der Tat sehr kompliziert, das durch die Einwirkung ionisierender Strahlung auf den Organismus ausgelöste komplexe Geschehen physikalischer, chemischer und biologischer Natur zu beschreiben und das Ergebnis dieser Prozesse durch *eine* Größe zu charakterisieren. Es bereitet prinzipiell keine Schwierigkeiten, den ersten Schritt der Ereigniskette - die Wechselwirkung der ionisierenden Strahlung mit dem Gewebe und die im Ergebnis dieser Wechselwirkung stattfindende Energieabgabe an das Gewebe - quantitativ zu formulieren. Man führt dazu die physikalische Größe „Energiedosis"

$$D = \frac{dE}{dm} = \frac{1}{\varrho} \frac{dE}{dV} \tag{1}$$

ein. dE bedeutet dabei die einem Massenelement dm (Volumen dV, Dichte ϱ) durch ionisierende Strahlung zugeführte Energie. Die Energiedosis wird in Joule je Kilogramm bzw. in der speziellen Einheit Gray (Gy) gemessen. Die Energiedosis allein ist jedoch nicht geeignet, die Strahlenbelastung zu charakterisieren.

Der biologische Effekt hängt außer von der Energiedosis von einer Vielzahl physikalischer und biologischer Faktoren ab. Für den praktischen Strahlenschutz ist es erforderlich, solche die Strahlenbelastung kennzeichnende Größen einzuführen, die auf möglichst einfache Art mit der meßbaren physikalischen Größe Energiedosis zusammenhängen. Da die biologischen Effekte und damit das Schädigungsniveau auch wesentlich von der zeitlichen Verteilung der Bestrahlung abhängen, berücksichtigt man das durch die Einführung von *zwei* Größen, der Äquivalentdosis D_e und der biologischen Dosis D_b, die für Extremfälle repräsentativ sind.

Die Äquivalentdosis ist eine die Strahlenbelastung charakterisierende Größe bei Langzeitbestrahlung mit kleinen Dosen, die im allgemeinen für den Strahlenschutz typisch ist. Mit der Energiedosis hängt die Äquivalentdosis durch die Beziehung

$$D_e = f_Q D \tag{2}$$

zusammen. f_Q bezeichnet den Qualitätsfaktor, der bei Neutronen von deren Energie abhängig ist. Der Qualitätsfaktor wird letztlich — wenn man einige einfache physikalische Umrechnungen außer Betracht läßt - auf der Grundlage experimenteller und theoretischer Ergebnisse abgeschätzt. Die Äquivalentdosis ist also die biologisch bewertete Energiedosis für Langzeitbestrahlung bei kleinen Dosen. Sie wird in Sievert (Sv) angegeben. Der von der Internationalen Kommission für Strahlenschutz (ICRP) für berufliche Strahlenbelastung empfohlene Grenzwert beträgt 50 mSv/a.

Die biologische Dosis ist eine die Strahlenbelastung charakterisierende Größe bei kurzzeitiger Bestrahlung mit hohen Dosen, d.h. für eine Havariesituation oder für die Bedingungen eines Kernwaffenkrieges. Gerade der zuletzt genannte Fall bekam durch die Neutronenwaffe in den letzten Jahren eine besondere Aktualität. Es gilt

$$D_b = f_{\mathrm{RBW}} D. \tag{3}$$

f_{RBW} ist der Faktor, der die relative biologische Wirksamkeit der Strahlung charakterisiert, bei Neutronen also von deren Energie bestimmt wird.

Die Strahlenbelastung ist von dem Strahlungsfeld abhängig, in dem sich der Mensch aufhält. Es ist durch die Energie- und Richtungsverteilung der Flußdichte aller vorhandenen Strahlungsarten bestimmt. Die Flußdichte gibt die Anzahl von Teilchen an, die in eine Kugel um den Ort $\vec{r}$ mit der Großkreisfläche dA in der Zeit zwischen t und $t + dt$ eintreten, geteilt durch dA und dt:

$$\varphi = \frac{d^2N}{dA\,dt}\,. \tag{4}$$

In Abb. 1 ist diese Festlegung veranschaulicht. Die Teilchenflußdichten aus den Richtungen 1, 2 und 3 sind gleich. Die Energie- und Richtungsverteilung der Flußdichte wird demgemäß durch $\varphi_{E\omega}(E, \vec{\omega}, \vec{r}, t)$ gegeben. Die über die Zeit integrierte Flußdichte heißt Fluenz Φ. Die Energie- und Richtungsverteilung der Fluenz $\Phi_{E\omega}$ läßt sich gemäß

$$\Phi_{E\omega} = \Phi\, N_{E\omega} \tag{5}$$

durch die Gesamtfluenz Φ und $N_{E\omega}$ ausdrücken, wobei

$$N_E = \int N_{E\omega}\, d\omega \tag{6}$$

das normierte Energiespektrum der Teilchen ist.

Die Flußdichte bzw. die Fluenz werden durch die Eigenschaften der Quelle, die Stoffanordnung zwischen Quelle und Aufpunkt und die Lage des Aufpunktes bestimmt. Sind diese Größen bzw. die die Stoffeigenschaften und -anordnung beschreibenden Parameter bekannt, lassen sich D, D_e und D_b berechnen. Voraussetzung, um den Einfluß von Abschirmungen zu beurteilen und um von Meßeffekten auf Dosisgrößen zu schließen, ist damit die Ermittlung von $\varphi_{E\omega}$ bzw. $\Phi_{E\omega}$. Diese Aufgabe wird durch Lösung der Transportgleichung erreicht.

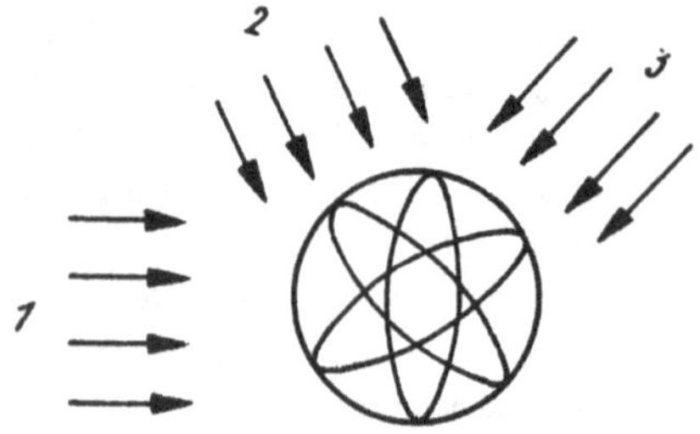

Abb. 1 Zur Definition der Flußdichte

2. Zu einigen Fragen der Neutronenabschirmungen

2.1. Die Strahlungstransportgleichung

In Abb. 2 ist schematisch dargestellt, welche Strahlungsgrößen ermittelt werden müssen, um die Wirkung von Abschirmungen gegenüber Neutronen (und die Meßeffekte von am Körper getragenen Dosimetern) bestimmen zu

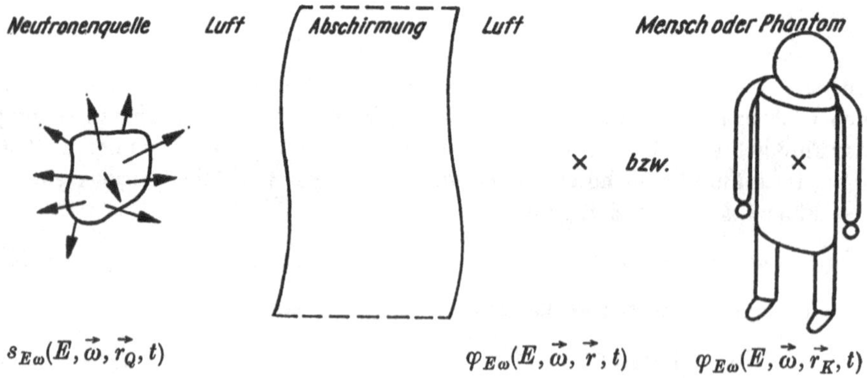

Abb. 2 Zu den Aufgaben von Neutronentransportberechnungen im Strahlenschutz

können. Für alle Punkte $\vec{r}$ des Strahlungsfeldes läßt sich zu jedem Zeitpunkt folgende Bilanz für die Anzahl der Teilchen angeben, die zur Energie- und Richtungsverteilung der Flußdichte beitragen, vorausgesetzt, daß keine äußeren Kräfte wirken und der Strahlungstransport stationär ist:

$$\vec{\omega} \operatorname{grad} \varphi_{E\omega}(E, \vec{\omega}, \vec{r}) \tag{7}$$

Änderung der Energie- und Richtungsverteilung der Neutronenflußdichte

$$= -\Sigma_t(E)\, \varphi_{E\omega}(E, \vec{\omega}, \vec{r})$$

Abnahme der Neutronenflußdichte im betrachteten Energie- und Richtungsintervall durch Absorptions- und Streuprozesse

$$+ \int_0^\infty \int_{4\pi} \Sigma_s(E')\, p(E', E, \vec{\omega}', \vec{\omega})\, \varphi_{E\omega}(E', \vec{\omega}', \vec{r})\, d\omega'\, dE'$$

Zunahme der Neutronenflußdichte im betrachteten Energie- und Richtungsintervall durch Streuprozesse aus Bereichen größerer Energie

$$+ s_{E\omega}(E, \vec{\omega}, \vec{r})$$

Zunahme der Neutronenflußdichte im betrachteten Energie- und Richtungsintervall durch Quellen.

Dabei haben die noch nicht erklärten Symbole folgende Bedeutung:

Σ_t	totaler makroskopischer Wirkungsquerschnitt,
Σ_s	makroskopischer Streuquerschnitt,
$p\, d\omega'\, dE'$	Wahrscheinlichkeit, daß ein aus der Richtung $\vec{\omega}'$ mit der Energie E' kommendes Neutron in die betrachteten Intervalle E bis $E + dE$ bzw. $\vec{\omega}$ bis $\vec{\omega} + d\vec{\omega}$ gestreut wird,
$s_{E\omega}$	Energie- und Richtungsverteilung der Quelldichte.

Gl. (7) ist eine Integrodifferentialgleichung, deren Lösung in allgemeiner Form nicht als geschlossener analytischer Ausdruck angegeben werden kann. Aus Gl. (7) läßt sich auch die integrale Form der Transportgleichung

$$\varphi(\vec{x}) = \int K(\vec{x}, \vec{x}')\, \psi(\vec{x}')\, d\vec{x}' + \psi_0(\vec{x}) \tag{8}$$

ableiten. $\psi(\vec{x})$ bedeutet die Dichteverteilung von Zuständen $\vec{x}$ unmittelbar nach einer Wechselwirkung bzw. $\psi_0(\vec{x})$ nach der Erzeugung durch die Quelle. Der Integralkern $K(\vec{x}, \vec{x}')$ ist die Dichtefunktion der Wahrscheinlichkeit, mit der ein Teilchen aus dem Zustand $\vec{x}'$ infolge Wechselwirkung den Zustand $\vec{x}$ erreicht. Die Größe ψ in Gl. (8) steht für verschiedene physikalische Größen wie Flußdichte, spektrale Flußdichte u.a.

Nur unter sehr vereinfachenden Bedingungen lassen sich exakte Lösungen als geschlossene analytische Ausdrücke angeben, so z.B. das einfache Exponentialgesetz

$$\varphi(x) = \varphi(x = 0)\, e^{-\Sigma_t(E_0)x} \tag{9}$$

für die Schwächung eines monoenergetischen Parallelstrahlenbündels durch eine Stoffschicht der Dicke x. In gewissen Spezialfällen können Symmetrieeigenschaften des Strahlungstransportproblems ausgenutzt werden, um bestimmte Näherungsmethoden zur Lösung der Transportgleichung heranzuziehen. Ein allgemein einsetzbares Verfahren zur Lösung der Strahlungstransportgleichung stellt die Monte-Carlo-Methode dar.

2.2. Besonderheiten der Abschirmung von Neutronen

Die Strahlungstransportgleichung ist die theoretische Grundlage für die Abschirmung von Neutronen. Für die im Rahmen dieses Kolloquiums behandelten Anwendungen lassen sich die Abschirmkonfigurationen im allgemeinen auf sehr einfache Fälle reduzieren, z.B. auf zweidimensional unendlich ausgedehnte Abschirmwände. Es sind dann insbesondere die stofflichen Eigenschaften, d.h. speziell die energieabhängigen Wechselwirkungsquerschnitte, zu diskutieren. Die Energie der Neutronen kann sich dabei über 9 Größenordnungen (10^{-2} eV bis 10^1 MeV) ändern. Die biologischen Gewichtsfaktoren (f_Q, f_{RBW}) sind – und das ist eine weitere Besonderheit des Neutronenstrahlenschutzes, der bei der Auslegung von Abschirmungen zu beachten ist – ebenfalls von der Neutronenenergie abhängig.

Um eine wirksame Schwächung von Neutronen zu erreichen, sind Materialien auszuwählen, die einen großen Wirkungsquerschnitt für Wechselwirkungsprozesse aufweisen, bei denen ein möglichst großer Energiebetrag von den Neutronen je Wechselwirkungsakt abgegeben wird. Wie bei der Abschirmung anderer Strahlungsarten ist gleichzeitig zu beachten, daß nur wenig durchdringende Sekundärstrahlung entsteht.

Am leichtesten lassen sich thermische Neutronen abschirmen, da die Wirkungsquerschnitte für Strahlungseinfang bei diesen Energien für alle Stoffe besonders groß sind und

$$\sigma_{n,\gamma} \approx 10^{(-28\pm2)}\ m^2$$

betragen. Da in den meisten Anwendungsfällen mit Primärenergien der Neutronen bis in die Größenordnung von 10 MeV zu rechnen ist, muß bei einer Abschirmung zunächst für eine Verringerung der Neutronenenergie gesorgt werden. Diesen Gesichtspunkt und die Tatsache berücksichtigend, daß beim Strahlungseinfang eine durchdringende Photonenstrahlung entsteht, wird bereits klar, daß eine Neutronenabschirmung in der Regel eine Schichtenstruktur aufweisen bzw. ein spezielles Gemisch aus verschiedenen Stoffen sein muß.

Eine Verringerung der Neutronenenergie ist z. B. durch elastische Streuung von Neutronen an Wasserstoffkernen möglich. In Abb. 3 ist der entsprechende Wirkungsquerschnitt σ dargestellt. Die Verwendung von Wasserstoffkernen als Stoßpartner ist besonders zweckmäßig, weil der Energieverlust des Neutrons beim Stoß mit einem Partner gleicher Masse am größten ist. Man erkennt aus Abb. 3, daß mit zunehmender Neutronenenergie der Wirkungsquerschnitt für elastische Streuung stark abnimmt. Für Neutronen mit Energien der Größenordnung 10 MeV sind also andere Prozesse für die Verringerung der Neutronenenergie auszuwählen. Eine Möglichkeit besteht in der Ausnutzung der unelastischen Streuung von Neutronen an schweren Kernen, z.B. an Eisen. Dabei ist aber zu beachten, daß bei bestimmten Abschirmdicken Neutronen mit Energien entstehen können, die biologisch wirksamer sind als die mit der Primärenergie. In Abb. 4 ist dies am Beispiel einer Eisenabschirmung dargestellt. Durch Verwendung einer 10 cm dicken Eisenabschirmung bei einer 14-MeV-Neutronenquelle liegt das Maximum des Spektrums hinter der Abschirmung bei einer Energie, der ein Qualitätsfaktor von über 10 entspricht, während er bei der Primärenergie den Wert 6 besitzt.

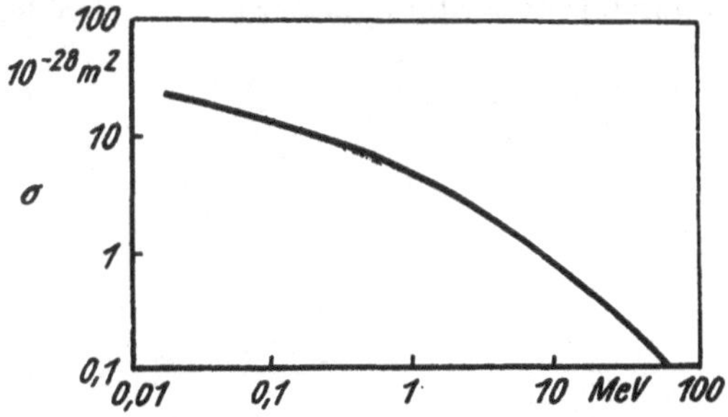

Abb. 3 Wirkungsquerschnitt σ für die elastische Streuung von Neutronen an Wasserstoffkernen in Abhängigkeit von der Energie E

Der schematische Gesamtaufbau, den eine Neutronenabschirmung mit Schichtenstruktur aufweisen kann, ist in Abb. 5 gezeigt. Die 1. Schicht sorgt für eine wirksame Verringerung der Primärenergie der Neutronen durch unelastische Streuung, die 2. Schicht setzt die Abbremsung durch elastische Stöße fort, während in der 3. Schicht schließlich die Absorption der entstandenen thermischen Neutronen stattfindet. Die Einfanggammastrahlung wird in der 4. Schicht geschwächt. Derartige Abschirmungen mit Schichtenstruktur lassen sich nicht immer verwirklichen. Deshalb werden häufig homogene Materialien mit verschiedenen Komponenten verwendet. Beispiele hierfür sind Borstähle, borierter Graphit, Barytbeton oder auch Normalbeton.

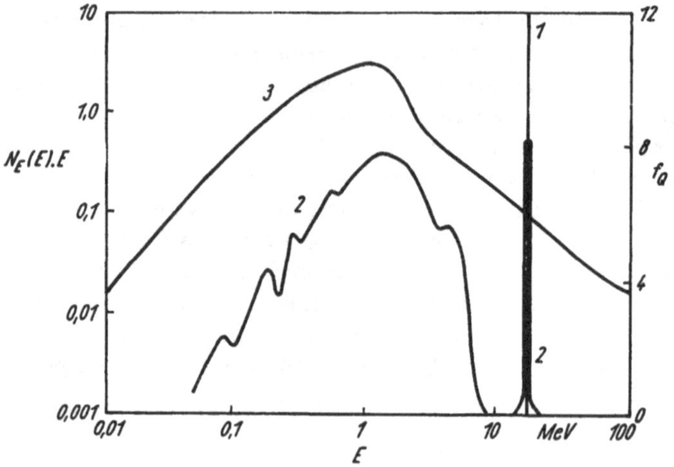

Abb. 4 Neutronenspektren $N_E(E)$. E und Qualitätsfaktor f_Q in Abhängigkeit von der Neutronenenergie

1 – Spektrum der Primärneutronen (14 MeV)

2 – Spektrum hinter 10 cm Eisen

3 – Qualitätsfaktor

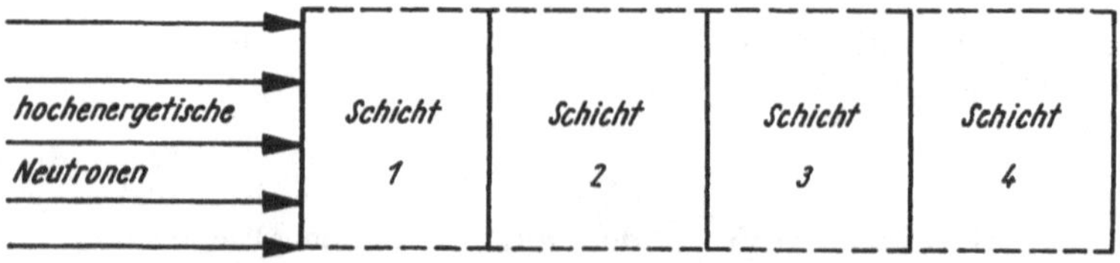

Abb. 5 Aufbau einer Neutronenabschirmung mit Schichtenstruktur (schematisch)

Schicht 1 – Material hoher Ordnungszahl, z. B. Eisen

Schicht 2 – Material niedriger Ordnungszahl, z. B. Polyäthylen

Schicht 3 – Material mit großem Absorptionsquerschnitt für thermische Neutronen, z. B. Bor, Cadmium

Schicht 4 – Material hoher Ordnungszahl, z. B. Eisen

3. Zu einigen Fragen der Neutronendosimetrie

3.1. Grundaufgabe der Neutronendosimetrie

Die Grundaufgabe der Neutronendosimetrie besteht darin, die Äquivalentdosis D_e (oder biologische Dosis D_b) durch Neutronen aus dem Meßwert M eines am Körper getragenen Dosimeters zu ermitteln. Äquivalentdosis D_e und Meßwert M werden durch das Strahlungsfeld - im weiteren charakterisiert durch die Energie- und Richtungsverteilung der Neutronenfluenz $\Phi_{E\omega}$ - bestimmt. In Abb. 6 sind die entsprechenden Zusammenhänge schematisch dargestellt.

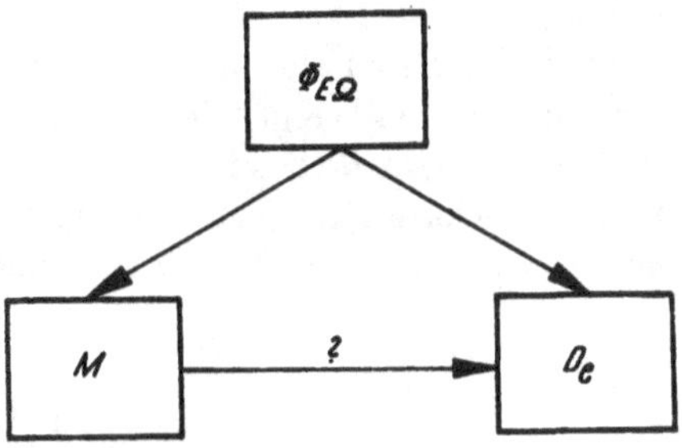

Abb. 6 Zusammenhang zwischen Äquivalentdosis D_e und Dosimetermeßwert M über das Strahlungsfeld, charakterisiert durch die Energie- und Richtungsverteilung $\Phi_{E\omega}$ der Neutronenfluenz

$M \rightarrow D_S \rightarrow D_G \rightarrow D_e$ bzw. D_b

M (und N_E) $\rightarrow \Phi \rightarrow D_e$ bzw. D_b

Meßeffekte werden durch verschiedene physikalische oder chemische Veränderungen im Ergebnis einer Energieabsorption hervorgerufen. Es ist deshalb unter bestimmten Bedingungen möglich, einen direkten Zusammenhang zwischen dem Detektormeßeffekt M und der Energiedosis D_S im Detektor, d.h. in der Meßsonde, herzustellen und auch auf die interessierende Energiedosis D_G im Gewebe bzw. im menschlichen Körper insgesamt zu schließen. Diese - hier nicht näher zu erläuternden - Bedingungen lassen sich bei den in neuerer Zeit in zunehmendem Maße zur Personendosimetrie eingesetzten Festkörperdetektoren nur schwer erfüllen, so daß mit diesen Dosimetern meist die Neutronenfluenz gemessen wird.

3.2. Neutronendosimeter

Beim Neutronennachweis muß gewährleistet sein, daß im Detektor selbst oder in einem gesonderten Radiator Wechselwirkungsprozesse stattfinden, bei denen geladene Teilchen entstehen, die ihrerseits den Detektormeßeffekt hervorrufen. Dieser beträgt

$$M = \Phi \int N_E(E)\,\sigma(E)\,f(E)\,[\int N_L(E, L)\,k(L)\,dL]\,dE. \tag{10}$$

Die noch nicht erklärten Symbole haben dabei folgende Bedeutung:

$\sigma(E)$ – Wirkungsquerschnitt der Wechselwirkungsreaktion,
$f(E)$ – Schwächungsfaktor, der die Abnahme der Fluenz im Detektor berücksichtigt,
$N_L(E, L)$ – LET-Spektrum, das sich bei der primären Neutronenenergie ausbildet, und
$k(L)$ – Nachweisempfindlichkeit des Detektors für die geladenen Sekundärteilchen.

Der angegebene Meßeffekt erhöht sich, wenn das Dosimeter am Körper getragen wird, da ein Teil der reflektierten Strahlung ebenfalls registriert wird.

Nach Gl. (10) kann aus dem Meßeffekt M die Fluenz Φ bestimmt werden, wenn das Energiespektrum $N_E(E)$ bekannt ist. In vielen Fällen genügen dabei relativ grobe Abschätzungen des Spektrums. Da sich z.B. die Äquivalentdosis zu

$$D_e = \Phi \int N_E(E) \frac{D_e}{\Phi}(E)\,dE \tag{11}$$

ergibt, wobei D_e/Φ ein berechenbarer Konversionsfaktor ist, besteht bei der vorausgesetzten Kenntnis des Spektrums dann die Möglichkeit, den Detektor z.B. in Einheiten der Äquivalentdosis zu kalibrieren.

Andererseits läßt sich die Energieabhängigkeit eines Detektormeßeffektes in gewissen Grenzen auch so gestalten, daß sie der Energieabhängigkeit der Äquivalentdosis entspricht. Dazu ist eine solche Nachweisreaktion auszuwählen, deren Energieabhängigkeit möglichst gleich der Energieabhängigkeit des Konversionsfaktors D_e/Φ ist.

Ein aussichtsreiches Verfahren zur Entwicklung neuer Methoden der Neutronendosimetrie stellt die Verwendung von Festkörperspurdetektoren dar. Der Neutronennachweis erfolgt dabei über die Registrierung geladener Sekundärteilchen, die durch Wechselwirkung der Neutronen in äußeren Radiatoren oder im Detektor selbst gebildet werden.

Die geladenen Sekundärteilchen erzeugen im Festkörper Zerstörungen, die nach einer Ätzung unter dem Mikroskop als Spuren gezählt oder z.B. nach der Funken- oder Lichttransmissionsmethode ausgewertet werden können.

Bei den meisten Neutronenroutinedosimetern mit Festkörperspurdetektoren werden Radiatoren aus verschiedenen Arten spaltbaren Materials und Cadmiumfilter verwendet, wodurch ein getrennter Nachweis von Neutronen in verschiedenen Energiebereichen möglich ist. Wegen der starken Energieabhängigkeit der Spaltquerschnitte – insbesondere im niederenergetischen Bereich - hängt die Genauigkeit der Dosisbestimmung sehr stark vom vorliegenden Energiespektrum ab.

Ein im Wissenschaftsbereich Strahlenschutzphysik der TU Dresden entwickeltes Neutronenhavariedosimeter (Abb. 7) enthält als Detektormaterial Zellulosetriazetat mit einer Dicke von 140 µm. Schnelle Neutronen mit Energien über 0,7 MeV erzeugen unmittelbar im Detektor durch Streuprozesse oder (n, α)-Reaktionen geladene Teilchen. Bei geringeren Energien ist die Energie der Rückstoßkerne zur Spurerzeugung nicht ausreichend, so daß ein äußerer Radiator - im vorliegendem Falle Lithiumfluorid - verwendet werden muß. Durch die Reaktion

$$^{6}\mathrm{Li}(n, \alpha)^{3}H$$

werden Alphateilchen mit einer Energie von 2 MeV freigesetzt, die im Detektor Spuren erzeugen. Um die Empfindlichkeit gegenüber thermischen Neutronen zu reduzieren, werden die primären thermischen Neutronen durch ein Cadmiumfilter absorbiert und die thermischen und intermediären Neutronen über das Albedoprinzip nachgewiesen. Dieses Prinzip besteht darin, daß die einfallenden Neutronen durch Streuprozesse im menschlichen Körper moderiert und zu einem bestimmten Teil als thermische Neutronen aus dem Körper wieder herausgestreut werden. Durch ein spezielles Auswerteverfahren ist es möglich, einen Meßwert zu erhalten, der der biologischen Dosis weitgehend proportional ist. Die mit dem entwickelten Dosimeter erzielte Meßgenauigkeit ist gegenüber anderen Dosimetervarianten unter Berücksichtigung veränderlicher Einsatzbedingungen höher.

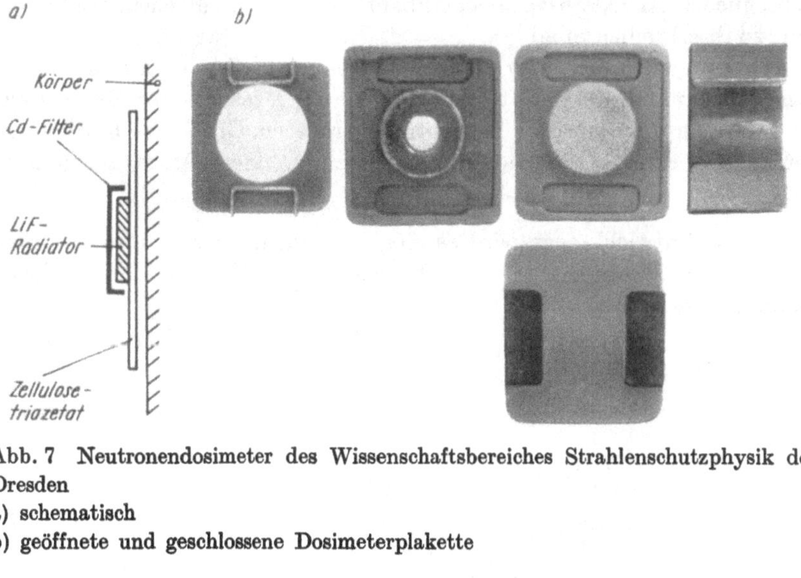

Abb. 7 Neutronendosimeter des Wissenschaftsbereiches Strahlenschutzphysik der TU Dresden
a) schematisch
b) geöffnete und geschlossene Dosimeterplakette

4. Schlußbemerkungen

In den letzten Jahrzehnten hat es große Fortschritte in den wissenschaftlichen Grundlagen des Strahlenschutzes gegeben. Vergleichbar mit den Entwicklungen auf anderen Querschnittsgebieten hat sich dabei eine Annäherung von Fachleuten verschiedener Wissenschaftsdisziplinen ergeben, die sich in zunehmendem Maße der Entwicklung der gemeinsamen wissenschaftlichen Grundlagen ihres Gebietes verpflichtet fühlen. So entstand im vorliegendem Falle international der Begriff der „Strahlenschutzwissenschaft". Die Einführung dieses Begriffes ist auch schon deshalb zweckmäßig, um eine Abgrenzung vom praktischen Strahlenschutz als einer speziellen Maßnahme des Arbeits- und Gesundheitsschutzes vorzunehmen. Eine analoge Entwicklung gibt es auch bei Teilgebieten der Strahlenschutzwissenschaft, man spricht z.B. von Strahlenschutzmedizin, Strahlenschutzphysik u.a.

In Zukunft dürften es vor allem drei Richtungen sein, in denen die Strahlenschutzwissenschaft Beiträge zur Weiterentwicklung des Neutronenstrahlenschutzes geben wird:

1. durch Erarbeitung eines einheitlichen Modells auf der Grundlage sowohl der zum großen Teil noch zu erforschenden mikroskopischen Prozesse der Strahlenschädigung als auch epidemiologischer Untersuchungen, eines Modells, das den Zusammenhang zwischen Strahlungsfeldgrößen und einer die Schädigung repräsentierenden Größe herstellt, z.B. den Zusammenhang $D_e(\Phi)$;
2. durch Entwicklung effektiver mathematischer Methoden bzw. Rechenprogramme, um den Neutronentransport und die Energieabsorption sowohl im menschlichen Körper bzw. einem Phantom als auch in einem Detektormedium zu beschreiben; und
3. durch Untersuchung neuer Neutronennachweisverfahren, die es auf der Grundlage bekannter mikroskopischer Elementarprozesse unter Berücksichtigung festkörperphysikalischer Erkenntnisse erlauben, Größen zu bestimmen, die direkt mit einer die Schädigung repräsentierenden Größe zusammenhängen.

Durch diese Entwicklungen wird es möglich sein, trotz zunehmenden Einsatzes der verschiedenen Neutronenverfahren auch in Zukunft den Strahlenschutz zu gewährleisten.

Lieselott Herforth

Schlußbemerkungen

Geben Sie mir nun zum Abschluß des Kolloquiums noch Gelegenheit zu wenigen Schlußbemerkungen.

Zunächst können wir feststellen, daß der Einsatz von Neutronen für friedliche Zwecke die Lösung von Problemen in der Wissenschaft und Praxis auf Gebieten zuläßt, die für die Entwicklung der Grundlagenwissenschaften, der Volkswirtschaft und der Medizin von großer Bedeutung sind. Nennen möchte ich u.a. die Gebiete, die in den Vorträgen angesprochen wurden, wie die Werkstoffkunde, Halbleitermaterialien, die Biophysik und die Neutronentherapie.

Zweitens wurde gezeigt, daß im Interesse des verschiedenen Einsatzes von Neutronen unterschiedlicher Energien der Entwicklung von Neutronenquellen für die Wissenschaft und Praxis, wozu auch die Neutronentherapie zählt, zu Recht große Beachtung geschenkt werden muß.

Drittens hat in den letzten 10 Jahren die Erforschung und Entwicklung des Neutronenstrahlenschutzes für Neutronen aller Energiebereiche zu einem Wissensstand geführt, der das Arbeiten mit Neutronen für friedliche Zwecke bei Einsatz von speziellen Dosimetern zur Kontrolle beherrschbar gemacht hat.

Unser Kolloquium hat aber auch gezeigt, daß es viele Möglichkeiten der friedlichen Anwendung von Neutronen gibt, um Probleme in Wissenschaft und Praxis zu lösen. Diese voll auszuschöpfen sollte im Interesse der Entwicklung von Wissenschaft und Fortschritt das Anliegen aller Wissenschaftler sein, besonders dann, wenn andere Methoden versagen bzw. unökonomischer sind. Um die volle zeitliche Auslastung der in der DDR vorhandenen Neutronenquellen, die selbstverständlich gewährleistet sein muß, habe ich weniger Sorge. Ob und wie man die kontinuierliche Auslastung der vorhandenen Quellen dabei noch effektiver gestalten kann, darauf müßten alle Betroffenen antworten können. Weiterhin muß es unser Anliegen sein, alle durch internationale Zusammenarbeit gegebenen Möglichkeiten des Erfahrungsaustausches sowie der gemeinsamen Bearbeitung von Aufgaben zu nutzen, wie es schon auf den verschiedensten Gebieten mit Erfolg praktiziert wird und wie dies auch in verschiedenen Vorträgen zum Ausdruck kam.

ISSN 0138-3956

FSC
www.fsc.org
MIX
Papier | Fördert
gute Waldnutzung
FSC® C083411

Kolibri 360 GmbH
Ferdinand-Jühlke-Straße 7
99095 Erfurt, Deutschland
produktsicherheit@kolibri360.de